한중일 정원에서 찾은 트렌드
II

이 저서는 2020년도 정부(과학기술정보통신부)의 재원으로 한국연구재단의 지원을 받아 수행된 연구임

과제번호 2017R1A2B1002208

This work was supported by the National Research Foundationof Korea government (MSIT) (2017R1A2B1002208)

한중일 정원에서 찾은
트렌드
II

박경자 지음

학연문화사

머리말

'한중일 정원에서 찾은 트랜드' 1권을 발간한지 7개월이 지나지 않았다. 그러나 그동안 3년의 연구기간을 보내면서 연구에 도움을 주신 학자분들의 원고가 10여편에 달했고, 현지 조사답사한 국내외 지역 사진도 상당수 됐다. 이 원고들과 사진들을 한번 정리해 볼 필요가 있다고 생각했다. 그리고 본서의 3장 '한중일 대표적 사례'에서는 1권에 이어서 한중일 트렌드를 다시 분석정립해 보려고 했다.

본서 I 장 '정원 트렌드'는 학자분들의 원고를 분석정리했다.

1.각국 정원: 중국
일본
한국
2.사례연구: 한국 연못
대구 도시디자인
부산의 현대도시공원
현대조경작품에 나타난 프랑스 전통정원의 재해석
3.실용·활용화 연구: 신한옥 활성화
전통조경의 지속가능한 친환경설계 효과와 실용화

II장은 그동안 조사답사한 '정원현장'에서 직접 찍은 사진으로 구성했다.

Ⅲ장은 한중일 대표적 사례이며
이로써 Ⅰ,Ⅱ,Ⅲ장을 완결했다.

본서의 이해를 돕기 위해서 Ⅰ장의 원고들을 정리했다

Ⅰ장 1

- 王貴祥, 역사건축과 현대건축 중의 역사주의
  역사건축 발생과 관련있는 역사주의.
  Roger Scruton은 역사적 관점을 설명하는 또 다른 역사주의로써 '재
  현'을 말했고, 역사 주의 중심주제는 건축양식, 건축 스타일이라 함.
  王교수는 역사주의 건축을 8가지로 분석하고 서양고전건축에 기초
  하며, 특정 건축양식에 집착하지 않고 적절성과 정확성을 통해서
  디자이너의 정신과 의미를 표현한다 했다.

- 劉庭風, 중국현대원림
  중국현대풍경은 역사, 외국 영향, 자기개발, 동시에 전통문화와 함
  께 다양한 풍경, 로칼정책 담론에 의해 유도된다.
  중국원림의 현대화는 원림유형의 확대, 원림요소 변화, 원림 심미관
  의 변화, 원림기능의 변화

- 박경자, 고대 한일정원
  고대 한중일 관계, 통일신라 안압지, 나라시대 헤이초큐의 도인정원
  일본정원 분류, 대표적인 전통정원, 가레산스이, 차정원,
  일본정원 특징. 무소 소세키, ZEN정원

프랑스정원 특성

프랑스 모더니즘정원과 전통의 계승

현대작가작품과 프랑스 전통정원의 계승

Ⅰ 장 3. 실용.활용화 연구

• 전봉희, 한옥의 보급 활성화를 위한 현황과 과제

신한옥 보급 활성화를 위한 당면과제

• 장병관, 전통조경의 지속가능한 친환경설계와 실용화

친환경 입지, 기법, 재료와 기술

전통조경계승과 현대조경의 적용

앞으로 본 연구 후속연구로써 실용화 활용화 방안 연구가 연계될 필요성이 매우 크다고 본다.

특히 '한국전통조경의 현대적 재해석'이 주제인 본 연구가 더욱 광범하고 심도있게 계속 이어지기를 소망한다.

먼저 '한중일정원에서 찾은 트랜드'1에 따뜻한 성원을 보내주신 독자분들께 깊은 감사를 드린다. 또한 연구에 협조해주신 여러 선생님들께 감사드리고, 어려운 여건에서도 본서를 기꺼이 출판해 주신 학연문화사 권혁재 사장님과 편집인들 모두에게도 감사드린다.

저자 慶堂 박경자 올림

I
정원 트렌드

1. 각국 정원

중국의 정원

1. 역사건축과 현대건축 중의 역사주의

현대 서양 건축에 대한 다양한 사고 중, 세 가지는 역사건축의 발생과 관련이 있습니다. 그것은 바로 고전주의, 전통주의, 역사주의입니다. 고전주의 건축은 서양 고전 건축과 그 미학적 취향의 모방과 재현을 강조하고, 전통주의 건축은 창조적 적합성에 대한 창의적인 아이디어를 고수합니다. 역사주의 건축 역시 역사건축의 부호, 양식, 스타일을 사용하지만 일종의 능동적인 창조를 표현하고 있습니다. 그 목적은 역사적 언어를 사용하여 시대적, 지역역사주의와 관련하며 서양 건축 미학 예술가 Roger Scruton은 20세기 건축 이론가의 분석을 통해 두 가지 정의를 만들었습니다. 그 중에서 "또 다른 역사주의"라는 재현은 역사적 관점을 설명합니다. 예를 들어 건축 유산은 당시 정신을 구현할 수 있습니다. Scruton의 관점에서, 역사주의의 중심 주제는 두 가지 측면, 즉 하나는 건축의 "양식"이고 다른 하나는 건축의 "스타일"입니다.

예를 들어, 1950년대에 중국인들이 일어났을 때, 국가의 독립과 자부심을 보여주기 위해 건축에서 전통 중국 건축의 "양식"

과 세부 사항을 반영하고, 중국 현대 심리학에 맞는 "민족적 스타일"을 구현하였습니다. 이것은 어느 정도까지 "역사주의" 영역에서 중국 건축가들의 독특한 태도를 강조한 것입니다.

역사주의의 개념을 보다 명확하게 이해하기 위해, 우리는 그것에 대하여 분석할 수 있습니다.

① 역사주의 건축은 역사적으로 존재하는 스타일과 관련이 있습니다. 다시 말해, 역사적인 건물의 스타일과 세부 사항을 사용하여 역사적인 건물을 만들어야 합니다.

② 역사주의 건축은 디자이너들에게 풍부한 이론과 역사적 지식을 가지고 있어야 하며, 자신의 디자인을 통해 특정 역사적 작품을 자유롭게 반영할 수 있어야 합니다.

③ 역사주의 건축은 스타일의 창조에 중점을 둡니다. 초점은 기존 스타일을 모방하는 것이 아니라 역사적인 건축 스타일과 세부 사항을 사용하여 자신의 창의적인 요소를 통해 새로운 역사적인 스타일을 형성하는 것입니다.

④ 역사주의 건축은 시대의 정신 창조에 중점을 둡니다. 역사주의의 건축 언어는 창조자 자신의 시대적 핵심을 가지고, 시대, 국가 및 문화적 의지를 구현하는 역사적 건축 담론의 표현입니다.

⑤ 역사주의 건축은 "세부 사항의 진위성"에 주의를 기울이고, 따라서 보다 엄격한 학업 태도에 기초합니다. 이 시점에서 역사주의 건축은 피상적인 "유럽풍" 건축, "옛것을 모방하는" 건축과는 완전히 구별됩니다.

⑥ 역사주의 건물은 공식적으로 인식할 수 있는 프로토 타입에 초점을 두고 있으며, 프로토 타입의 표준화를 통해 건물은 특정 수준의 기술적 구현과 사회적, 과학적 진보를 가지고 있습니다.

⑦ 역사주의 건물은 지역 전통과 관련이 있으며 지역 고유의 특성을 가지고 있으며 건축 언어에는 종종 지역 전통 건물의 건축 언어 기호가 수반됩니다.

⑧ 역사적 건축물은 사람들이 특정 국가, 특정 문화, 특정 시대에 속한다고 선언하기 위해 상징과 상징적 방법을 사용하여 작품에 특정 의미를 부여하는 경향이 있습니다.

이러한 기본 공식으로부터 우리는 역사주의가 서양 고전 건축에 기초한 것이기 때문에 고전주의와는 다른 것으로 대략 추측할 수 있습니다. 역사주의는 학문에 의존하지 않기 때문에 전통주의와도 다르며, 특정 건축 스타일과 스타일에 집착하지 않고 건축 스타일과 그 적절성과 정확성을 통해서만 디자이너의 정신이나 의미를 표현합니다.

이러한 분석을 통해 우리는 우리가 익숙한 일부 건축 트렌드를 현대 건축의 역사적 경향과 연관시킬 수 있습니다. 예를 들어, 1980년대 서구에서 발생한 포스트 모더니즘 건축은 역사주의 범주로 분류될 수 있습니다. 포스트 모더니스트들은 고전 건축 스타일의 재생산에 주의를 기울이지 않고 전통적인 건축 스타일과 스타일에 엄격하게 적용되지 않고 전통적인 건축의 상징적 언어를 사용하여 건축 작품에서 자신의 단어를 말합니다.

王貴祥(중국 칭화대학 건축학원 명예교수)

2. 중국 현대원림

1) 현대원림 발전

현대 중국의 풍경은 "역사, 외국영향, 자기 개발"에서, 동시에 전통 문화와 함께, 아이디어의 다양한 풍경의 영향, 로컬 정책 담론에 의해 유도된다. 최근 "아름다운 중국"시대 비전 아래, "건축 관리의 균형을 이루는 크고 작은 수준, 다양한 유형 및 스타일, 일반적인 번영"의 자세를 보여주고 있다.

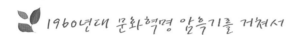 1960년대 문화혁명 암흑기를 거쳐서

1979년 이후, 중국의 급속한 경제 발전, 문화 유산, 문화 유산 보호운동, 같은 시간에 그들은 자신의 나라 요소와 아이디어를 탐구, 풍경이 점차 현대 도시를 개선하고, 녹색 네트워크 계획, 환경의 녹지 패치화, 풍경 타입 번성을 낳았다.

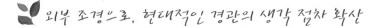

외부 조경으로, 현대적인 경관의 생각 점차 확산

2000년 이후, 중국은 녹색 공간 시스템 계획을 더욱 향상 정원 도시화라는 메시지 건설이 완료됐다.

경관이 제기되면서 산업 번영에 대처하는 방법, 자연 건설 모순, 현대 상황과 모순, 모순의 모양과 내용에 대한 사고가 주도, 중국 풍경에 대한 관심의 부족, 시골과 농촌 지역 화해의 부

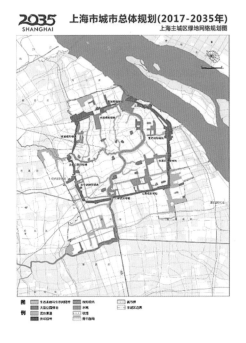

족, 연합의 성격과의 전통적인 강도, 서양 스타일, 중국의 특징을 가진 조경 경관의 이론적 시스템을 끊임없이 탐구했다.

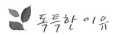 독특한 이유

중국은 아름다운 산과 강, 괴기하고 아름다운 풍경, 문화유산 자원이 풍부한, 이러한 특별한 상황에서, 세계의 다른 국가와는 다르다. 1981년 풍경명승구시스템을 처음 만들었다.

중국은 생성된 아름다운 지역 시스템로부터 자연 보호구 계

통, 계획적 통합개발, 관리, 건축, 자연과 문화 기반의 보호, 국민의 소질을 향상, 정보의 교환을 촉진 그것은 경제적, 사회적 이익을 가져 왔으며 지역 개방성을 높이고 국가 균형발전에 도움이 됐다.

 현상 유지 수준 및 유형

현재 중국 조경의 계층 구조 분포는 도시와 교외 균형, 농촌 지역 및 자연 생태계를 커버한다. 도시와 시골 경관 측면에서 "유산 풍경"과 "문화 경관"이 있고, "도시 재생"의 영향에 의해서 "도시 녹색 공간 분류 기준"이. 계획과 건설, 계획된 공원녹지, 녹지보호, 광장, 녹지, 구역녹지 그리고 농촌 경관은 "새로운 사회

주의 시골", "아름다운 시골", "전원종합체" 등과 농촌의 다양한 건설 지역의 풍경이 있다. 자연 생태 지역에서는 실제 상황에 따라 순서대로 프로그램에 대한 자연 및 생태 복원을 보호하기 위해 새로운 다양한 계획과 건설 즉, 정원, 국립공원, 산림 공원, 습지, 정원 박람회 등을 포함한다.

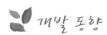 ## 개발 동향

현대 중국의 조경 건축 사업은 중국과 서구가 양립한다고 설명 할 수 있으며, 과거에도 계속 발전하고 발전해 왔으며, 초기에는 중국 특성을 가진 이론적 조경 건축 시스템을 구축했다. 현재 상황은 미래 개발로 "디지털화", "생태화", "정신화"이다 : 첫번째는 전통적인 주관적 접근에서 새로운 점차적 객관적인 분석 데이터화 ; 다음은 거듭된 건설개발과 생태 보호기능 모순

의 이데올로기적 내용, 그리고 마지막으로 문화 정신 반환, 사람 중심, 심도있는 농촌경관 발굴, 풍경 치료 등이다.

2) 중국원림의 현대화

중국원림의 현대화는 다음과 같이 여러 방면으로 나타나고 있다.

 원림 유형의 확대

원림유형은 이전의 사가원림 위주에서 공공원림 위주로 변화하였다. 공공원림은 식물원림, 경관지구, 습지, 동식물 보호구역, 광장, 그린벨트 등이 있으며, 그 밖에도 도시 속에서는 개혁개방이래로 수많은 주택단지 규모의 작은 원림이 증가하였다.

원림 요소의 변화

원림의 요소로는 산과 물, 돌, 건물, 나무, 문자 등이 있다. 산과 물은 중국 역대 원림의 주제였는데, 현대에 이르러 원림 유형이 확대됨에 따라 도시에서는 산과 물을 주제로 표현하기 어려워졌다. 석경(石景)은 원림의 주요 경관이었으나 현대원림의 발전에 따라 조각품으로 대체되고 있다. 현대 원림건축의 다양화는 구조적인 면에서는 철근 콘크리트의 발전에 따라 이루어졌고, 형식적인 면에서는 민거와 목구조의 발전에 따라 이루어졌다. 문자는 많은 원림에서 이미 그 정취를 잃게 되었다. 또한 건축과 경관에서 절경에 제명(題名)하는 일이 없어졌는데, 이는 매우 유감스러운 일이다.

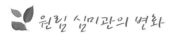 원림 심미관의 변화

원림 심미관의 변화는 원림의 설계와 관련있다. 원림설계의 이념은 유럽과 미국 및 태평양 원시생태에서 큰 영향을 받았는데, 도안식 광장설계, 방사형이나 기하곡선형태의 고전주의 구도는 중국 원림설계에 큰 영향을 주었다. 베르사유 궁전이나 센트럴 파크, 영국 왕립 수목원 등은 중국 현대 원림설계에 큰 영향을 준 대표적 예이다.

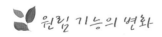 원림 기능의 변화

원림 기능은 단지 미화만을 목적으로 하지 않고, 많은 도시의 기능을 포함한다. 예를 들면, 문화유적과 결합하는 녹화, 도시

방화기능과 결합하는 방화녹지, 도시환경 보호와 결합하는 정화녹지, 생태회복과 결합하는 녹화 등이다. 이는 모두 서로 다른 기능을 하고 있는데, 이들은 모두 전통원림이 중요하게 여기지 않던 부분들로, 현대 원림에서 그 중요성이 높아졌다.

劉庭風(중국 텐진대학 건축학원 교수)

일본의 정원

1. 고대 한일 정원

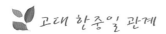
고대 한중일 관계

고대일본은 아스카(飛鳥)시대, 나라(奈良)시대, 헤이안(平安)전기이며, 중국에 있어서 수, 당(隋, 唐)시대에 해당한다. 이 시대의 문화는 아스카 중심인 아스카문화, 후지와라쿄(藤原京)이 중심인 하쿠호우(白鳳)문화, 헤이초쿄(平城京)이 중심인 덴뵤(天平)문화, 헤이안쿄(平安京)이 중심인 고닌·죠간(弘仁·貞觀)문화에 해당한다. 아스카문화는 불교적, 대륙적 요소, 나아가 페르시아, 인도, 중국, 백제, 고구려, 신라와 밀접한 관계에 있었던 국제적인 색채가 농후한 이국적인 신문화였고, 덴뵤문화는 당 문화의 영향이 도읍인 나라를 중심으로 개화한 시기로서, 당에 파견한 사신 견당사(遣唐使) 등 국제성이 강한 문화였다. 고닌·죠간문화는 그 기본은 당의 영향이 강했지만 점차 독자적인 양식으로 성장해 가는 과정이었다.

일본에서는 중국에 사신을 파견하여 그 선진 문화를 섭취하였는데 최초의 견당사(遣隋使)는 니혼쇼기(日本書紀 607년)에 오노노 이모코(小野妹子)가 파견되었다는 최초의 기록이 있다. 귀국한 오노노이모코는 다시 수나라로 건너간다. 이모코는 두번째에 30년간이나 중국 땅에 체류하면서 수나라의 멸망과 당나라의 흥기(興起), 그에 이어지는 태종(太宗)의 치세인 정관(貞觀)의 치세를 가까이서 보고 체험한 후에 귀국했다. 이 새로운 지식은 나카노오에(中大兄) 태자의 선정에 직접적인 도움을 주지는 못하였으나 고대 정치사의 대개혁인 다이카노카이신(大化改新)에 지도원리를 제공했고 정치·문화사적 의의가 참으로 크다고 하겠다.

니혼쇼기(612년)에는 조선반도에서 온 백제인 노자공(路子工)이 일본궁실 남쪽에 수미산(須彌山)과 오교(吳橋)를 만들었다는 최초의 정원 기록이 있고 일본정원의 시초가 된다. 당과 외교관계를 유지하면서 새로운 문물을 수입해 오는 견당사는 8세기에 들어와서는 대략 20년 간격으로 파견되어 당시의 문화 즉 덴뵤문화에 국제성을 갖게 했다

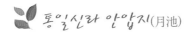
통일신라 안압지(月池)

안압지는 삼국을 통일한 문무왕 때에 만들어졌다. 안압지가 만들어졌을 당시는 삼국통일의 기운이 가장 왕성했던 시기다. 당시의 통일 정신을 농축해 만들었던 것이 안압지인 셈이다. 삼국사기는 문무왕 14년(674)에 못을 파고 산을 만들고 화초를 심고 진귀한 새와 짐승을 길렀다고 했다. 또 동국여지승람(東國興地勝覽)에는 안압지에 대해 '천주사(天柱寺) 북쪽에 있다. 문무왕이 궁내에 못을 만들고 돌을 쌓아 산을 만들어 무산12봉을 상징하고 화초를 심고 진귀한 새를 길렀다...그 서쪽에 임해전 터가

있는데...'라고 기록돼 있다. 삼국사기는 안압지 동쪽에 있는 동궁 관청을 '월지옥전(月池嶽典)'이라 기록하고 있다. 신라시대에는 안압지를 '월지'라고 불렀던 것 같다. 안압지라는 이름은 조선시대 매월당 김시습(梅月堂 金時習)이 쓴 시 '사유록(四遊錄)'에 나오는 안하지구지(安夏池舊址)에서 안하지가 비슷한 한자음인 안압지로 바뀐 듯하다. 또 조선 강위(姜瑋)의 시문 '12봉저옥전황벽지의구안성장 十二峯低玉殿荒 碧池依舊雁聲長'(열 두 봉우리는 낮아졌고 옥의 전[殿]은 황폐하였건만 푸르른 못물은 예와 같은데 기러기 소리만 오랫동안 길구나) 에서 기러기가 사는 못으로 안압지라는 명칭이 전해진 것도 같다. 안압지는 지난 1975년부터 1976년 발굴조사를 완료했다. 안압지 동쪽은 굴곡진 호안, 북쪽은 곡선, 남쪽과 서쪽 호안은 직선으로 돼 있다. 못 속에는 3개의 섬이 있고, 동쪽 굴곡진 호안에는 산을 만든 흔적이 있었다. 안압지 서쪽 못 가에는 5곳에 건물지가 있다. 못 속의 세 섬은 도교의 신선사상에 나오는 불로장수하는 신선이 살고 있다는 봉래, 방장, 영주의 삼신산이다. 안압지의 삼신산은 중국 진시황 이후와 일본 아스카시대 이후의 연못과 기록에서 볼 수 있고, 백제 궁남지 기록에는 방장선산이 나오며, 이러한 삼신산의 영향을 직접 받은 것 같다.

동국여지승람에서는 안압지의 못 동쪽에 돌을 쌓아 산을 만들어 무산12봉을 상징했다고 전하고 있다. 19세기 이종상(李鍾祥)이 '정헌집(定軒集)'에 쓴 '무산에 저녁 비 개임'에서도 중국 초나라 선녀가 살았던 무산12봉을 상상할 수 있다.

巫山晩晴 무산에 저녁 비 개임

江南萬里杳靑山 만리 강남에 푸른 산 아득한데

認取峯名向此間 무산 십이봉의 이름 이곳에서 취했지.

獨臥空齋淸不夢 홀로 빈집에 누워 잠 못 이루는데

楚天雲雨盡成閒 아, 초나라 하늘 구름 비는 모두 한가로워라.

임해전(臨海殿)은 안압지 서쪽에서 바다를 마주한 건물이다. 바다란 임해전 동쪽의 안압지를 말한다. 안압지의 서쪽 건물지에서 동쪽 호안을 바라보면 한 곳도 막힘이 없이 계속 이어진 듯 느끼게 되며 먼바다를 바라보는 것 같다. 매월당의 시 '인수용후세급아(引水龍喉勢岌峩)'(물을 끌어오는 개울물 소리가 높다)에서 용의 목구멍인 용후(龍喉)는 안압지와 용신앙과의 관계를 보여주기도 하지만, 실제로 조선전기까지도 입수조에는 용 또는 거북 조각물이 있어서 이곳에서 물이 쏟아져 나왔던 것 같다. 이것은 일본 아스카에서 발굴된 거북모양 석조의 구형석처럼, 거북 조각에서 물이 흘러가는 것과 거의 같은 모습이다. 용과 거북은 동양에서 고대로부터 신의 혼이 깃든 동물로 신성시 돼왔다.

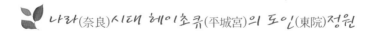
나라(奈良)시대 헤이초큐(平城宮)의 도인(東院)정원

나라시대 수도 헤이조쿄(平城京)에 있는 헤이초큐(平城宮)은 한 변 약 1㎞의 정사각형에 동서 약 260m, 남북 약 760m의 동으로 길게 돌출한 부분이 있다. 도인(東院)으로 추정된다. 여기에서 연회나 의식을 개최했고, 황태자 처소 '동궁(東宮)', 천황의 처소로 이용됐다. 그 남반부에 도인정원이 있다. 정원 대부분은 연못이다. 전체를 발굴해서 원래 모습을 밝히고 복원된 일본에서 가장 오래된 정원이라는 점이 특히 중요하다. 1968년부터 4차 조사에 의해서 연못(園池)의 전체모습이 밝혀졌다. 연못은 북에서 남으로 내려오는 완경사지 가장자리에 위치하고 소규모 골짜기 형태며, 면적 7,000㎡ 이내 구획에 위치한다. 도인정원은 나라시대 8세기 초, 중반에 대규모 수리를 했다.

　이 연못 수리는 경주 안압지(雁鴨池, 月池)를 염두에 두고 1 : 3.5 비율로 모방 내지는 축소 재현했다고 추정된다. 여기에서의 모방은 단순한 안압지 형태와 연못 안에 있는 3섬인 삼신산(三神山)의 모방일 뿐 기술적 수준에서 모방은 아닐 것이다. 시기적으로 전기의 연못은 많은 점에서 분명하지 않다. 연못의 형태도 전기의 단순한 역L자형에서 후기에는 몇 개의 구불어지거나 튀어나온 섬을 갖는 것으로 다시 만들었다. 후기 연못은 전기의 연못을 얇게 매립하고 호안을 깨부수고 완경사의 거친 해안가의 풍경을 나타내는 스하마(洲浜)를 하고 있다. 기본적인 평면 형태는 전기의 연못을 따르고 있으나 호안의 출입이 보다 복잡하다. 연못의 깊이는 약 40㎝로 얇다.

　특히 연못 서남 모퉁이에는 유배거(流杯渠)가 있다. 구불구불한 도랑에 잔을 띄우고 시짓기를 하는 연중행사의 하나였던 음력 3월 3일 삼진날에 곡수연(曲水宴)을 하던 곳이다. 이 곡수연은 중국 진(晉)시대에 시작되고 이후 일본 한국에서 성행했다. 새봄을 맞이하여 천신(天神)께 제사하고 뒷풀이로 시짓기를 즐겼던 풍속이다.

2. 일본 정원 분류와 대표적인 정원

1) 대표적인 연못정원(池庭)

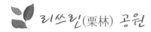 리쓰린(栗林) 공원

리쓰린공원은 일본의 가가와현 다카마츠시에 위치한다. 에도시대의 정원을 대표하는 면적 약 78만㎡ 공원이다. 에도시대(江戸時代) 초기 사누키 지방의 영주였던 이코마 타카토시(生駒高俊)의 별장이다. 메이지시대(明治時代)에 이르기까지 228년 동안 마츠다이라(松平) 가문 영주들의 별장으로 이용됐다. 메이지유신(明治維新) 이후 정부 소유가 됐다가 후에 현립공원, 1953년에는 특별 명승지로 지정됐다. 일본에서 가장 유명한 정원 중의 하나다.

자연스러운 형태의 6개 연못에는 연못 안에 돌을 배치하여 신선(神仙)이 산다는 삼신산(三神山)을 상징하고, 연못가에 거친 바닷가를 연상시키는 스하마를 만드는 등, 전통기법을 잘 보여주고 있다. 13개의 나지막한 구릉과, 연못을 가로지르는 아치형 등 다양한 형태의 다리가 설치되고, 자연스럽게 산책로를 연결했다. 기묘한 형태의 소나무와 단풍나무, 벚꽃나무 등과 계절에 따른 수많은 종류의 꽃들이 매우 아름답다. 계절, 날씨, 시간에 따라 다양한 풍광을 만끽할 수 있는 매력적인 공원이다. 공원이름이 유래된 밤나무는 1850년 오리사냥을 위해 모두 베어 버렸다. 일본차와 과자를 맛볼 수 있는 에도시대에 건축된 찻집(키쿠게츠 테이)이 정원 중앙에 있고, 민속 공예품 전시관도 있다.

2) 대표적인 가레산스이(枯山水)

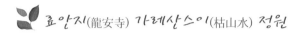
료안지(龍安寺) 가레산스이(枯山水) 정원

　5월은 부처님 오신 날 행사가 있다. 이때에 동북아 지역 불교 신앙의 중심인 선종(禪宗) 사찰정원으로 떠나보는 것도 큰 의미가 있을 것 같다. 일본의 선종은 중국 송과의 교역으로 전래되어 가마쿠라시대에 정착했다. 선종은 수행을 통해서 자기 내면에 있는 부처를 발견하여 깨달음에 이르는 것을 가장 큰 목적으로 한다.

　료안지(龍安寺)는 일본 교토부(京都府) 남부에 있는 선종 사찰이다. 1450년에 무로마치 막부의 무사 호소카와 가쓰모토가 이곳에 살던 귀족 후지와라의 별장을 개조하여 만든 선종 임제종(臨濟宗) 사찰이다. 돌과 모래만으로 이루어진 정원이 매우 유명한데, 이러한 가레산스이 정원은 15세기에 선종 전파를 위해 만들었다. 일반 정원에서 볼 수 있는 물, 나무는 전혀 찾아볼 수 없고 모래 위에 풀 한 포기 없이 흰 자갈, 이끼, 돌 만 있다.

　가레산스이는 물을 이용하지 않는 정원을 말한다. 바닷가나 강변의 풍경은 일본 정원의 일관된 모티브지만 가레산스이는 물을 사용하지 않으면서 이러한 수경을 표현한다. 료안지는 물결무늬의 흰 모래 위에 15개의 돌을 배치했다. 이 돌들은 어느 방향에서나 전체가 다 드러나지 않는다. 흰 모래 위에 크고 작은 자연석을 세워 조합하면 하나의 관념의 세계가 태어난다. 산봉우리에서 폭포가 떨어져 계곡을 이루며, 커다란 강에 합류하여 바다에 다다른다. 이러한 바다에 떠있는 섬들 하나하나가 바로 불국토가 된다. 선종 스님(禪僧)들은 이러한 자연과 대면하면서 자신의 존재를 명상한다. 보이지 않는 것 속에서 보고, 들리지 않는 것을 들으며, 자기 존재를 부정하면서 자신을 세우는 선종의 이념이 곧 돌덩어리에 불과하나 가레산스이로 받아들이게 하는 것이다. 가레산스이 정원을 찾는 관람객도 수행하는 스님처럼, 자기 존재를 부정하면서 자신을 세우는 깨달음의 경지로 이끌리게 하는 것 같다. 가레산스이는 한국, 중국 사찰에서는 볼 수 없는 일본만의 독특한 정원양식이다.

3) 대표적인 차정원(茶庭, 露地)

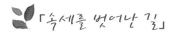 「속세를 벗어난 길」

무로마치 시대 문화인들 사이에서는 초가 암자(草庵)이 유행했다. 와비 차의 시조로서 여겨지는 쥬고우(珠光)의 양자 쇼우수(宗珠)가 쿄토의 하경(下京)에서 운영하던 차실은 키 큰 소나무와 삼나무가 심어져 있었으며 붉게 물든 담쟁이덩굴이 이른바 심산풍경(「山居의 体」)를 자아내어, 시내 번화한 곳에서 은둔(「市中의 隱」)이라고 평판이 높았다. 이러한 경관은 시내에 있으면서도 마치 깊은 산 속에 있는 듯한 착각을 불러일으키는 소박한 정경이 당시 새롭게 태동하던 와비 차와 결합되고 있는 것이다.

차를 위해서 독립된 공간을 구성한 초기 사례는 죠우요죠우한(武野紹鴎의 四畳半) 차실이 있다. 이 다다미 4개 반이 깔린 공간

차실인 쇼우한(四畳半)에는 건물 외곽으로 마루가 둘러있으며 이 곳을 통해 출입했다. 마루의 끝(북쪽)에는 작은 뜰(「面坪의 内」)가 있고, 측면에는 옆구리 뜰(「脇坪의 内」)가 만들어져 있었다.

작은 뜰에는 차에 집중할 수 있도록 나무나 돌로 장식하지 않은 텅 빈 뜰로 보인다. 단 건너편에는 크고 작은 소나무가 보이는 점으로 보아, 심산풍경(「山居의 体」)로 만들어진 것임을 알 수 있다. 복잡하게 선 시내의 건물들 사이로 차실로 가는 좁고 긴 길이 로지(路地)이며, 이 길은 '옆구리 뜰'에 접속하고 있었다고 생각된다. 그러나 이것은 단순한 통로가 아니라 차에서 빼놓을 수 없는 차를 마시기 전에 손을 정결히 씻는(「手水」)를 위한 장소이다. 이러한 두 개의 작은 공간(坪内)이 로지(露地)의 원형이었다고 생각한다. 시대가 조금 내려가 1573-1593년경에는 센리큐(千利休)에 의해 와비차가 완성된다. 리큐는 와비차를 위한 공간구성을 고안하여 좁은 내부공간으로서 차실과 이에 대응하는 로지(路地, 露地)를 만들었다.

차를 즐겨하는 애호가에 따라 찻잔(茶碗)이나 차구(茶具)의 취향이 달라지듯이, 로지(露地)의 조형에도 일종의 취향이 있다. 그것은 차를 즐겨하는 사람의 생각이나 미감에 좌우된다. 한 예로서 쇼우한(四畳半) 차실에서 작은 뜰에는 나무 한그루, 풀 한 포기도 심지 않았으며, 이는 차에 집중하기 위하여 주의를 분산시키는 식재를 하지 않는다는 점이다. 일정 기간 리큐도 이러한 입장을 고수한 것으로 보인다.

🌿 고호안 로지(孤篷庵 露地)

고호안은 고보리엔슈(小堀遠州)에 의해 1612년 다이토구지(大德寺)에 세워졌다. 다이토구지 근처에 있는 산을 지붕이 달린 작은 배에 비유하여, 이곳을 고호안이라고 했다고 한다. 1643년경 현재의 위치로 이전하여 새롭게 건물과 정원이 조성되었다. 고보리엔슈는 유명한 차의 대가로서, 동시에 막부의 직할령으로서 지방 관청 관료·막부의 토목공사 관련 관청 관료로서 각 방면에서 활약했으며 수많은 건축과 정원 조영에 재능을 발휘했다. 그 중에서도 고호안은 만년의 은거처이자 예배장소로서 그의 작품이 가장 잘 드러난 곳이다.

이후 1793년 화재를 당한 후 7년간 재건한 것이 현재의 고호안이다. 석조물은 타지 않았기 때문에 그대로 남아 있어 조영당시 고보리엔슈의 의장을 볼 수 있다. 예를 들면 문앞 수로에 놓인 석교, 현관과 당문(唐門)으로 이어지는 돌바닥 길 등으로, 깨끗하게 자른 돌의 디자인이 특징이다.

4) 일본 정원의 특징, 무소 소세키

🌿 엔츠지(圓通寺) 정원과 차경

쿄토시 좌경에 있는 엔츠지(圓通寺)는 17세기 초기 고미즈노오(後水尾) 천황 산장에 있던 어전(御殿)이며 황실의 기도장소다. 고미즈노오(後水尾)천황은 에도(江戶) 초기의 천황으로 생전에 천황위를 양위하고 천황을 보좌한 상황이다. 엔츠지 정원은 고산수 정원으로 일본 명승에 지정되어있다. 마당에 이끼를 깔고 전정된 나무들, 크고 작은 40여개의 돌을 배치했다. 특히 전정된 키 큰 교목이 액자틀이 되어서 그 뒤로 조망되는 히에이산(比叡山)의 장엄한 풍경을 담아볼 수 있는 아름다운 정원이다. 이 액자틀 안에서 볼 수 있는 풍경을 중국에서는 광경(框景)이라 하여 문틀, 창틀 안에서 건너편 풍경을 볼 수 있고, 흔히 자주 사용되고 있는 정원기법이다. 고미즈노오 천황의 고요제이 상황(上皇)은 가장 히에이산 조망이 좋은 곳을 구하여 산장을 지었고, 쿄토의 슈가쿠인(修学院離宮)도 17세기 중엽에 고미즈노오 상황 지시로 조영된 이궁(離宮)이다.

차경에는 올려다 보거나 내려다 보거나 가까운 곳이나 먼 곳 등의 경치를 끌어들이는 기법들이 있다. 엔츠지의 히에이산 차경은 멀리 있는 히에이산의 경치를 끌어들여 절내부의 기도처에서 볼 수 있도록 차경 대상으로 삼았다. 동북아 전통정원에서는 차경기법이 많이 사용되었고, 엔츠지의 히에이산 아름다운 차경은 특히 유명하다. 현재 고층 맨션건설 등 급속하게 진행하는 도시개발에 의해서 이 귀중한 차경들이 훼손되는 것을 방지하기 위해서, 쿄토시는 엔츠지정원 등 차경보호를 위한 조망조례(쿄토시 조망경관창생조례)를 만들게 됐다. 이 조례에 따라서 엔츠지의 경우 주변구역은 높이뿐만 아니라 건물기단형식 등까지도 제한받고 있다.

차경을 이용한 현대 건축설계도 활발하며, 특히 세계적인 일본 현대 건축가 안도 다다오는 그의 작품에서 일본 전통 차경기

♣ 엔츠지 정원의 히에이산 차경

법을 도입한 건축표현으로 명성이 드높다.

무소 소세키(夢窓疎石)와 사이호지(西芳寺)

무소 소세키는 뛰어난 정원가인 선종 스님이다. 소세키의 인생 전반부는 속세에서 벗어나 산속에서 수행을 했고, 각지에 수행의 장소로 알맞은 정원을 만들었다. 이 정원들은 주위의 자연을 포함한 하나의 종교적 세계였으며, 그는 한 곳의 풍치, 「경치(境致)」라 불렀다. 소세키는 인생 후반부에 적극적으로 정치에 참여하고, 「일만삼천백사십오」인이나 되는 제자를 키워냈으며, 덴류지의 발전에 전력을 다했다. 특히 그의 작정 이념은 「가레산스이」양식 성립에 큰 영향을 미쳤다. 다카우지의 동생 다다요시는 소세키에게 참선하여 가르침을 받고, 법어 93단을 몽중문답집(『夢中問答集』)으로 간행하였다.

여기에서 소세키는 정원 애호가를 세 종류로 구분하고 있다. 첫째는 훌륭한 정원이나 진귀한 나무와 돌을 자랑삼아 모으는 속진(俗塵)을 사랑하는 사람이다. 두 번째는 천성이 담백한 사람으로 정원을 통해 수양을 하여 속진에 물들지 않는 사람이다. 세 번째는 산하대지(山河大地)와 초목와석(草木瓦石)이 곧 자신임을 믿고, 구도적인 자세로 계절에 따라 변화하는 정원을 마음의 수양처로 생각하는 사람이다. 그는 「산수에는 득실이 없으며, 득실이란 사람의 마음속에 있다」라고 하며, 이는 정원 자체에는 선이나 악이란 있을 수 없고, 단지 인간의 마음속에 존재할 뿐이라고 풀이된다. 소세키는 덴류지 정원에 앞서, 자신이 한때 머물었던 미노의 호계산 영보사, 도사(土佐) 오태산 흡강암 등과 사이호지 외에, 도지지(等持寺)에도 정원을 만들었다.

사이호지의 창건은 731년으로, 원래는 교우기(行基)가 기나이(畿内)에 건립한 49원 중 하나였다. 가마쿠라 시대에는 정토종의 사찰이었으나, 1339년에 아시카가 막부의 중신이 소세키를 초빙하여 선종 사찰로 부흥시켰다. 사이호지(西芳寺)라는 이름은 그때까지의 세이호지(西方寺)를 개명한 것이다. 소세키는 이곳이 그가 사숙한 홍주서산(洪州西山)과 통하는 교토의 서쪽 산이라는 점에 착안하여, 선학(禪學)의 이상경을 이곳에 만들었다. 사이호지 정원은 아라시야마의 남쪽에 있는 마쓰오산(松尾山)의 계곡 강변에 위치하며, 북으로 아라시야마와 마쓰오산의 낮은 능선에 닿아 있다. 이 정원은 산중턱에 만들어진 상부정원과 연못을 중심으로 하부정원으로 구성된다.

소세키는 종래의 연못을 정비하고 황금지라고 했으며, 연못 주변이나 섬에 불당인 서래당(西來堂)을 비롯하여 중층 누각인 유리전(瑠璃殿 : 사리전) 등을 배치하고, 정자 다리와 선착장을 설치했다. 당각(堂閣)과 승방은 긴 회랑으로 연결되어 있다. 서래당 앞에는 낙양의 기이한 경관(「洛陽의 奇観」)이라 하는 벚꽃이 있으며, 흰 모래가 깔린 스하마(洲浜)에는 소나무 및 상서로운 나무가 숲을 이루고, 수면에 비치는 모습은 천하의 절경으로 사람의 힘만으로 만들 수 없다는 생각이 든다. 이 연못정원은 정토적인 색채가 농후하여 밝고 호화롭다. 따라서 고곤(光厳) 상황·고묘 상황을 비롯한 사람들이 봄과 가을에 꽃과 단풍을 보기 위해 사이호지를 자주 방문하여 뱃놀이도 함께 즐겼다고 한다. 이곳에서 소세키가 만들어낸 산수의 절경을 보고 불도에 입문하는 자도 적지 않았다.

이 정원은 아시카가 요시미쓰의 킨가쿠지, 아시카가 요시마사(足利義政)의 긴카쿠지 등 후세 수많은 정원에 큰 영향을 미쳤다. 특히 요시마사는 그 모친을 위해 다카쿠라(高倉) 궁전에 한 치도 틀림없이 사이호지의 정원을 옮겨 놓았다는 일화로 유명하다. 1469년 사이호지의 건축물은 전란으로 상남정(湘南亭)만 남기고 전부 소실되어 황폐화 됐다. 전란 후, 요시마사는 이곳을 수복하여 부분적으로 옛 모습을 되찾았다. 또 야마시나(山科) 남쪽 전각을 조영한 렌뇨쇼닌(蓮如上人) 등은 이 정원 복원에 힘을 들였고, 센노 쇼안(千少庵)이 세운 현재의 건물들은 모두 후세에 세워진 것이다. 그러나 정원의 배치나 구성, 그리고 석조는 소세

키 생전의 모습을 그대로 간직하고 있다. 이 정원은 지면을 덮
고 있는 십여 종의 이끼로 인해 이끼 절(코게 테라)이라고도 하며,
현재도 명원으로서 손색이 없다.

박경자(전남대학교 연구교수)

3. 일본의 현대정원

1) 개관

일본의 전통정원은 아스카시대로부터 쇼와시대에 이르기까지 뚜렷한 흐름을 가지고 전개되어 왔다. 일본에서 조성연대가 가장 빠른 정원이라고 할 수 있는 헤이조큐(平城宮)의 동원(東院)정원과 헤이조큐 외곽에 만들어진 좌경삼조이방궁적정원(左京三條二坊宮跡庭園)은 굴곡진 못을 중심으로 하는 지천회유양식의 최초작품으로, 이러한 지천회유양식의 정원은 그 후 쇼와시대에 이르기까지 다양한 진화를 거치면서 발전하게 된다. 한편, 무로마치시대(室町時代)에 무소 소세키에 의해서 창안된 가레산스이(枯山水)양식의 정원은 선불교의 도입과 궤를 같이 하면서 빠른 속도로 정착하게 되는데, 이 가레산스이양식의 정원이야말로 일본에서 독창적으로 창안한 정원양식으로 보는 견해도 많다. 이러한 일본정원의 시대적 흐름을 볼 때, 일본인들은 내용적으로는 각 시대에 조성된 정원에 당해 시대의 정신을 반영하였고, 형식적으로는 시대의 변화에도 불구하고 일본정원에서 전통적으로 구사해온 작법을 면면히 계승해왔다는 것을 알 수 있다. 따라서 일본정원은 일본의 문화를 반영한 하나의 예술과 문화적 장치라고 해도 과히 틀린 말이 아니라고 생각된다.

메이지, 다이쇼시대에 들어서면서 일본정원은 전통적 작법을 계승하면서도 외국의 새로운 기술들을 반영하는 절차를 거치게 되며, 이러한 정원양식은 쇼와시대에 오면서 크게 꽃을 피웠다.

그러나 쇼와시대까지만 해도 일본정원은 서양정원의 양식적 특징을 부분적으로 반영하였을 뿐 여전히 전통적인 정원의 작법에 의존하는 고전주의적 정원의 틀을 간직하고 있었다.

그러나 2000년대 이후 도시화가 급속하게 진행되고, 생활양식 자체가 서구적으로 변화하면서 일본의 정원 역시 근대적인 흐름과는 매우 다른 양상을 가지고 전개되고 있다. 그러한 양상은 한마디로 말해서 근대까지 이어져 내려온 전통적인 일본정원과는 다른 양식을 보이고 있다는 것인데, 이러한 양상은 향후에도 지속적으로 이어질 가능성이 높아보인다.

지금까지의 전개되고 있는 양상을 살펴볼 때, 일본의 현대정원은 크게 두 가지의 흐름을 가지고 전개되는 것으로 보인다. 하나는 전통을 현대적으로 계승하려는 노력이 동원된 정원으로 이것은 일본풍의 현대적 재해석을 통해서 나타나게 되며, 다른 하나는 서양정원의 양식을 수용하면서 동시에 작법마저도 서양화된 서양풍 정원으로 이것은 엄연히 전통적인 일본정원과는 다른 정원이다.

일본의 현대정원이 조성되는 장소는 도시공간, 주거공간, 종교공간으로 크게 구분할 수 있다. 여기에서 도시공간이라 함은 소유가 기준이 되는 것이 아니라 그것의 이용이 주로 공공에 의해서 이루어지는 공간을 의미하는 것으로, 도시공간은 공개공지, 옥상정원, 수직정원의 형태로 나타나는 것이 일반적이다. 주거공간은 집합주거공간과 개인주거공간으로 구분되는데, 집합주거공간은 공공에 의해서 이용되는 공간이 정원으로 조성되는 경우가 많고, 개인주거공간은 개인소유의 뜰에 정원이 조성되는 경우가 많다. 종교공간은 주로 사찰과 신사 등으로 구분되는데, 사찰이나 신사 모두 최근에 만들어지는 곳에 현대정원이 조성되는 경우가 대부분이다. 이러한 세가지 유형의 공간에 만들어지는 현대정원은 전술한 바와 같이 일본풍 정원이 조성되는 경우가 있고, 서양풍 정원이 만들어지는 경우가 있는데, 어느 공간에는 어떤 양식이 적용된다는 뚜렷한 구분이 있어보이지는 않는다. 이것은 정원이라는 것이 그것을 만드는 클라이언트의 취향에 따라 달라지기 때문인 것으로 보인다.

일본에서 현대정원을 도입하는 계기는 일본이 미대륙이나 유럽의 여러 나라들과 적극적인 교류를 통해서 나타나는 결과인데, 특히 유럽에서 개최되는 정원박람회에 일본정원이 출품되기 시작하면서 이러한 현상이 앞당겨졌던 것으로 보인다. 정원박람회에 출품했던 일본정원을 보면, 전통적인 일본정원양식을 현대적으로 재해석한 작품들이 대부분인데, 이것은 해외에 일본정원문화를 소개하는 과정에서 나타나는 것으로 보인다. 더불어 일본작가들은 박람회에 소개되는 서양의 정원들을 벤치마킹하여 일본에 소개하기도 하였는데, 이것은 일본의 전통적인 정원양식과는 거리가 먼 것으로 도시공간에 어울리는 기능적인 정원이라고 할 수 있겠다. 그러나 어떠한 정원을 만들더라도 그 작품에는 일본성이 드러나도록 표현하고 있어 정원을 조성하는 작정가들은 작정에서 일본성을 지키려는 노력이 있어왔다는 것을 알 수 있다.

4. 장소별로 살펴본 현대정원

1) 현대 도시정원

 공개공지

　일본의 공개공지 제도는 1971년 건축기준법의 개정으로 인해서 마련된 총합설계제도로 건축부지를 공동으로 대규모화함으로써 토지를 유효화하고 합리적인 이용을 촉진시키려는 목적을 가진다.

　공개공지 제도가 시행된 이후 50년 가까이 되는 기간 동안 도심지내에는 수많은 공개공지가 조성되어 공공의 이용을 위해 사용되고 있는데, 공개공지는 공지로서의 소극적인 의미만이 아니라 보행자공간으로서의 적극적인 역할을 하고 있다.

　그러나 건축주의 입장에서 보면, 공개공지는 가능하면 법적 한도 내에서만 할애할 수밖에 없는 땅이고 조성비 역시 가능한 범위 내에서 최소화해야 하는 대상이다. 그것은 공개공지를 조성하는 부지가 지가가 매우 높은 땅일 뿐만 아니라, 사유토지를 법적 규제에 의해서 공공에게 제공해야만 하는 반 공공공간(Semi Public Space)이고, 조성비도 개인이 부담해야 하는 공간이기 때문이다.

　그렇기는 하더라도 공개공지는 그동안 다양한 형태의 조경을 통해 도시의 환경개선에 도움을 주어왔다. 더구나 최근에는 단순히 나무를 심고 보행자들이 쉴 수 있는 벤치 등을 놓는 소극적

조경에서 벗어나 도시에 자연을 도입하는 방법으로 잡목림을 조성하거나, 목본류보다는 각종 초본류를 도입하여 정원적 분위기를 연출하는 경우가 늘어나고 있다. 더 나아가 최근 유럽을 중심으로 확산되고 있는 수직정원을 조성하거나 일본의 전통정원을 현대적으로 해석한 계류나 폰드 등과 같은 물을 도입하기도 하는 등 조성기법이 매우 다양해지고 있다. 최근에 나타나고 있는 이러한 공개공지의 정원적 분위기의 연출은 일본 현대정원의 변화양상을 살필 수 있는 좋은 기회가 되고 있다.

한편, 재개발부지에 위치한 공개공지는 통합개발에 따라 그 규모가 독립적인 건축물에 조성되는 일반적인 공개공지에 비해서 큰 편에 속한다. 이러한 경우에는 공원과 같은 개념을 가지고 조성되는 경우도 있는데, 미드타운 21이나 록폰기재개발구

♣ 록폰기 재개발구역의 공개공지에 조성된 일본 고유양식인 지천회유식 정원

역이 여기에 해당된다. 이 가운데에서 록폰기재개발구역의 경우에는 일본의 전통정원양식인 지천회유양식의 정원이 도입되어있다.

 옥상정원

옥상정원의 조성은 일본의 현대정원의 발전에 매우 중요한 역할을 하고 있다. 옥상정원이 도입되던 초기단계에서는 옥상정원에 단순히 잔디를 심거나 나무를 몇 그루 심는 정도에 그쳤던 것이 사실이다. 그러나 지금은 적극적으로 정원을 조성하는 경우가 많아 도시공간에서 공공정원을 볼 수 있는 매우 중요한 장소로 주목을 받고 있다.

옥상정원에는 서양의 현대정원에서 볼 수 있는 기법과 일본의 전통정원에서 볼 수 있는 기법이 선택적으로 연출되고 있다. 전자의 경우에는 서양정원의 최신 경향이라고 할 수 있는 식재기법이나 시설물 또는 수경요소들의 도입을 통해서 그러한 경향을 확인할 수 있으며, 초본류를 중심으로 4계절 꽃을 볼 수 있는 공간의 조성, 식재기반 외곽에 금속재 틀의 사용, 벤치 등과 같은 시설물의 재료나 디자인 등에서 서양적인 면을 찾아볼 수 있다. 더 나아가 폰드나 캐스케이드 와 같은 수경관의 조성에 있어서도 일본풍과는 아주 다른 형식의 디자인과 재로 및 공법의 사용을 볼 수 있다. 심지어는 텃밭과 같은 도시농업을 위한 장소로 쓰이기도 하는데 이러한 경향은 얼마 전까지만 해도 찾아보기 어려운 것이었다.

♣ 도쿄 긴자의 데파토 긴자6의 옥상정원

한편, 후자의 경우에는 가레산스이 정원을 현대적으로 재해석한 작품이 조성되는 경우가 많은데 가레산스이 정원의 의장에 다양한 품종의 초본류를 혼합하여 가레산스이의 신경향적 개념을 보여주거나, 아예 돌이나 모래를 추상적으로 표현하는 경향도 볼 수 있다.

 수직정원

수직정원은 서구사회에서 이미 20세기 초에 그 모습을 드러낸후 지금까지 기술적으로나 공법적으로 비약적인 발전을 이루고있는 정원의 또 다른 형태이다. 초기에는 단순히 수직 벽에 넝쿨식물을 올리는 수준이었으나, 그 후 포트를 박아 넣는 등 벽체에 특별히 고안된 식생기반을 부착하고 그곳에 식물들을 심어

♣ 도쿄 신주쿠역 철로 상부의 인공지반에 조성한 정원

벽면을 장식하였다.

　수직정원의 조성에 획기적인 발전을 가져온 이는 프랑스인 패트릭 블랑(Patrick Blanc)이다. 그는 1986년부터 야생의 자연환경에서 식물이 바위나 수직절벽, 나무 등에서 자라나는 것에서 영감을 받아 수직정원을 조성하고 있다. 최근에는 실내공간에도 벽면에 수직정원을 조성하여 정원의 공간적 범위를 확대하였다. 패트릭 블랑의 작품은 일본에도 여러 곳에 조성되었는데, 신칸센 신야마구치역·도쿄 오모테 산도 GYRE·후쿠오카 Costume National·도쿄 Ginja Six·도쿄 Costume National Aoyama Complexe Wall 등이 그것이다. 이 작품들은 지금까지 일본에서 조성되어온 수직정원들과는 기법이나 재료의 사용에서 판이하게 다른 것으로 많은 일본인들에 의해서 긍정적인 반응을 얻고 있어 향후 더 많은 작품들이 조성될 가능성이 크다.

　한편, 패트릭 블랑 등 외국작가의 수직정원의 조성에 영향을 받아서 만들어진 일본작가들의 작품도 최근들어 많이 조성되고 있다. 완성도에 있어서는 패트릭 블랑의 작품에 미치지는 못하지만 최근에 조성된 작품 중에는 상당한 수준까지 발전된 사례를 볼 수 있다. 그 중에서도 JR도쿄역 야에스(八重洲) 입구에 조성된 가든루프(Garden Roof)의 수직정원은 디자인이나 도입된 초종의 다양성 그리고 유지관리적 측면에서 부족한 점이 있지만 매우 우수한 수준을 볼 수 있어 멀지 않은 장래에 일본작가들의 작품이 오히려 역수출되어 세계 각국의 도시에 조성될 수 있는 개연성을 확인할 수 있다.

2) 현대 주거정원

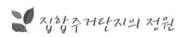 집합주거단지의 정원

일본은 우리나라와 달리 집합주거단지를 조성하는 경우가 많

♣ 가든 루푸에 조성된 수직정원

지 않았다. 그러나 2000년대에 들어서면서 일본에서도 도심과 가까운 곳에 주거환경이 좋은 집합주거단지를 조성하고 있으며, 외부공간을 적극적으로 조경하여 자연이 풍부한 녹색환경을 만들고 있다.

일본의 집합주거단지에는 최근 주차장을 지하로 배치하고, 주차장 상부의 인공지반에 다양한 형태의 정원을 조성하는 경우가 점차 늘어나고 있다. 특히 자연계류를 도입하고 자연에서 흔히 볼 수 있는 식물들을 도입하여 자연성이 풍부한 정원을 도입하는 경우가 많고, 개인주택에서 흔히 볼 수 있는 텃밭 개념의 키친가든을 조성하는 경우도 볼 수 있으며, 심지어는 과수원을 조성하는 경우까지 볼 수 있다. 이러한 집합주거단지의 조경수법은 오랫동안 개인주택의 정원을 조성해 왔고, 일상의 삶의 한 부분으로 생각해 온 일본인들에는 그렇게 어려운 일이 아니었던 것으로 보인다.

집합주거단지의 외부공간에 조성되는 정원은 서양식 정원양식을 보이는 경우도 있지만, 많은 경우 못이나 계류를 조성하여 자연적인 분위기를 연출하기도 한다. 이때에는 일본전통정원에서 볼 수 있는 것과 같이 깊은 산속에 있음직한 계류를 조성하기도 하고, 지천회유식의 못과 같은 개념의 못을 조성하기도 하는데, 이것을 보면 과거의 정원과는 공간적으로 다른 새로운 공간에도 전통정원을 조성하는 것을 볼 수 있다. 특이한 것은 우리나라 주거단지와는 달리 채마밭이나 과수원과 같이 개인주택에서 흔히 가꾸어오던 것과 같은 정원을 주거단지의 중심부에 조성하는 경우도 볼 수 있는데, 주거단지 중에서도 시각적으로 가장 중요한 공간에 이러한 생산정원을 도입하는 것은 우리나라에서는 보기 힘든 것이다. 이렇게 생산정원을 조성하는 현상은 고령화가 진행될수록 더욱 더 많아질 것으로 생각된다.

한편, 물 없이 조성되는 정원도 볼 수 있다. 이것은 전통적으로 내려오던 가레산스이 양식을 모델로 하여 조성하는데, 특히 물이 없는 계류나 못을 만들고 그 주변으로 수생식물들을 심어서 물이 있는 계류처럼 만드는 경우가 많다. 또한 동선 주변으로 잔자갈을 깔거나 동선 상에 큰 암석을 가져다 놓는 경우도 볼 수 있는데, 이것 역시 전통적으로 내려오던 가레산스이 양식을 현대적으로 재해석한 결과로 볼 수 있다.

주거단지에 도입하는 식물재료 역시 전통적으로 정원에서 쓰던 재료를 도입하는 경우가 많다. 특히 관목의 경우에는 영산홍이나 철쭉을 군식하여 강전정하는 전통적인 방식을 그대로 고수하고 있어 식물경관에서 일본성을 느낄 수 있다. 그런데 흥미로운 것은 교목이나 관목의 하부에 심는 초본류의 경우 원예종을 적극적으로 심어 경관의 다양성이 지난날보다는 매우 높아졌다는 것이다. 거기에서 한 걸음 더 나아가서 영국에서 흔히 사용하고 있는 메도우플랜팅 기법을 사용하기도 하는데, 이것을 보면 일본의 주거단지의 정원은 탈일본화되면서 동시에 전통을 고수하기도 하는 양면성을 보이는 것을 알 수 있다.

3) 현대 사찰정원

일본에서 사찰정원은 다이묘정원과 같이 일본전통정원의 맥을 이어온 대상이다. 특히 무소 소세키(夢窓疎石, 1275~1351)가 사이호지(西芳寺) 정원에서 시작한 가레산스이 정원양식은 중국 선종인 임제종의 도입과 더불어 선정원으로 자리를 잡게 된다. 이 가레산스이양식은 돌의 사용에 따라서 변화무쌍한 경관을 만들어내는데, 좁은 공간에서도 작정의도를 충분히 살릴 수 있다는 점에서 여러 사찰에 만들어져왔다.

쇼와시대에는 시게모리 미레이(重森三玲, 1896~1975)라고 하는 걸출한 작정의 명인이 있어 당시까지 면면히 이어져 내려온 사찰정원의 전통을 계승하면서도 작법이나 소재를 혁신적으로 바꾸어 일본근대사찰정원의 계보를 열게 된다. 그의 대표적인 작품인 도후쿠지(東福寺) 본방정원, 즈이호인(瑞峯院) 정원 등에서 그의 작품성을 엿볼 수 있다. 큰 돌을 사용하여 일군의 시키이시(石組)를 조성하거나, 기존에 사용했던 소재를 재사용하거나, 석조와 지피류 혹은 관목류를 동시에 사용하거나 하는 기법은

♣ 시게모리 미레이가 도후쿠지(東福寺)에 만든 현대적 개념의 가레산스이정원

일본정원의 진화에 한몫을 한 시게모리 미레이의 새로운 작정 기법이라고 할 수 있다.

시게모리 미레이 이후에는 마스노 슌묘(枡野俊明, 1953~)가 나타나 뒤를 이었다. 그는 사찰정원의 현대적 작법을 고안하면서 일본사찰에 새로운 개념의 현대정원을 조성하게 된다. 마스노슌묘는 일본 조동종의 총본산인 소지지(總持寺)에서 수행했으며 현재 일본 겐코지(建功寺)의 주지로 있는 스님이다.

마스노 슌묘는 선(禪)을 주제로 한 정원 창작 활동을 펼쳐 세계적으로 높은 평가를 받고 있는데, 그는 단지 사찰에 정원을 만드는 것뿐만이 아니라 공공공간, 호텔, 개인주택, 대학, 백화점 옥상, 빌딩 등에도 정원을 만들어 일반인들이 선정원의 진수를 느낄 수 있도록 개방하였다. 마스노 슌묘가 어느 공간에도 마다하지 않고 정원을 만드는 것은 선정원을 대중화한다는 측면에서 볼 때 매우 좋은 포교의 수단이 될 수도 있다고 생각한다.

5. 일본 현대명원

1) 키신엔(帰真園)

위치: 東京都世田谷区
면적: 5,800㎡
설계: 다카사키 야스타카(高崎康隆)
준공: 2013

키신엔은 후타코타마가와(二子玉川) 공원의 중앙부에 위치하는 지천회유식 정원으로 일본의 전통정원을 현대적으로 재해석하여 만든 현대정원이다. 이 정원은 2010년 후타코타마가와 공원 전체에 대한 기본계획이 수립되면서, 공원의 한 부분으로서 자리를 잡았다. 키신엔은 2011년부터 단계적으로 계획·설계를 거듭해 2013년 4월 후타코타마가와 공원의 일부 개원과 함께 문을 열어 일반시민들에게 무료로 개장되고 있다.

정원의 이름인 키신엔(帰真園)은 'Return to Nature' 즉, 자연으로의 회귀를 의미한다. 거기에는 이 정원이 세타가야(世田谷)가 갖는 풍부한 자연과 공생하고, 아름다운 일본 문화의 기조를 담고 있다는 상징적 의미가 내재되어 있다.

이 정원은 무로마치시대(室町時代)의 선종사원이나 에도시대(江戸時代)의 다이묘정원(大名庭園)보다도 정원의 도입요소가 훨씬 더 다양할 뿐만 아니라, 전통적인 작법 이상의 작법을 통해서 완성되었다는 차원에서 볼 때, 일본전통정원양식을 집대성했다고 해도 지나치지 않을 정도의 완성도를 보인다. 이 정원을 보

면, 일본 전통정원의 요소인 네모칸살 울타리가 곳곳에 배치되어 있고, 다케아키 타마가와 핫케이(武揚玉川八景)에서 유래한 작은 후지산(小富士)과 보크스이(牧水)의 노래에서 유래한 고주(鼓州)와 같은 요소들이 도입되어 있어 다양한 관점에서 일본문화를 접할 계기를 제공하고 있다.

이 정원에는 큐시미즈테이쇼인(旧淸水邸書院)은 메이지시대(明治時代)에 건축된 일본양식의 건물로 다이쇼시대(大正時代)에 세타가야구(世田谷區)로 이축되었고, 쇼와년간(昭和年間)에 해체되었다가 키신엔이 조성되면서 정원 내에 복원되었다. 현재 세타가야구의 지정문화재이다.

한편, 이 정원은 휠체어를 탄 장애인들이나 나이가 어린 아이들도 완만하고 평탄한 회유동선을 따라 원로를 이용할 수 있도록 동선을 계획하였고, 그들도 시설을 이용하거나 수경관을 감상하는데 있어 어려움이 없도록 설계되어있다. 이러한 배려는 현대의 일본정원에서 매우 중요하게 생각하는 유니버셜디자인의 한 부분이다.

키신엔을 설계한 다카사키 야스타카는 다카사키설계실유한회사(高崎設計室有限会社)의 대표이다. 다카사키설계실유한회사의 주요 업무는 정원설계·감리업무, 석조수복관리, 문화재 정원의 보존, 복원, 공개, 활용계획 등이다.

다카사키설계실에서 특히 관심을 가지고 진행하고 있는 특화업무는 석조에 관련된 것이다. 키신엔에서도 아와청석을 사용한 다양한 석조가 두드러지게 나타나는데, 이러한 작법이 다카사키설계실에서 주목하고 있는 것이다.

2) 햐쿠단엔

위치: 兵庫県津名郡浦町夢舞台1
면적: 95,078㎡
설계: 안도 다다오(安藤忠雄) 2000년

햐큐단엔의 설계가인 안도 다다오는 1995년에 프리츠커상을 수상한 일본의 세계적인 건축가이다. 그의 건축에서 발견할 수 있는 매우 두드러진 특징은 자연과의 조화를 우선적으로 고려하고 있다는 것이다. 그렇기 때문에 안도 다다오는 건축가이면서 동시에 정원작가로서 널리 알려져 있다. 특히 그가 설계한 건축의 외부공간에는 정원요소로서의 물이 거의 빠지지 않고 등장한다. 그가 건축과 하나로 인식될 수 있도록 도입한 물은 얕고 조용하며 잔잔하다. 그렇기 때문에 편안함과 경건함을 준다. '물'이 두드러진 건축물로는 '물의 교회', '물의 절', 아와지시마 유메부타이 등이 있다. 물 뿐만 아니라 빛과의 조화 역시 매우 중요한 자연 요소 중의 하나인데, 자연적인 빛을 이용해 어둠과 밝음을 극대화 시키고 공간을 강조하는 것이 안도의 설계적 특징으로, '빛의 교회'가 대표적인 건축물이다. 이렇듯 안도 다다오가 설계한 물과 빛, 그리고 바람, 나무, 하늘 등 자연은 그의 건축물과 긴밀하게 결합하고 있다. 또한 투명한 소재인 유리와 노출 콘크리트를 많이 사용함으로써 간결하고 단순하지만 차갑지 않은 느낌을 받게 하고, 자연이 더 가까이 다가갈 수 있게 하였다. 자연과의 조화와 함께 큰 특징으로 보이는 것은 건축작품

이 기하학적으로 완벽하다는 것이다.

안도 다다오가 설계한 '아와지 유메부타이(淡路夢舞台)'는 아와지시마(淡路島)의 북쪽, 국립 아카시해협공원(明石海峡公園)에 인접해서 건설된 복합시설이다. 이 복합시설은 백단원과 웨스틴호텔, 아와지국제회의장, 쇼핑 레스토랑, 식물원 기적의 별 식물관(奇跡の星の植物館) 등으로 구성된다.

햐쿠단엔이 만들어진 장소는 간사이국제공항(関西国際空港)의 건설을 위한 매립용 토사의 채굴장으로 쓰였던 아와지산(淡路の山)의 절토부분에 해당한다. 안도 다다오는 이곳의 수복을 위한 설계를 맡아서 진행하였는데, 그는 인간에 의해서 상처를 입고

훼손된 자연을 인간의 손으로 재생한다는 기본적인 개념을 가지고 자연의 수복을 위한 설계를 진행하였다. 그가 수립한 설계에 기초해서 건설이 시작될 무렵 한신아와지 대지진(阪神淡路大震災)이 발생하였고, 대지진이 일어나면서 이 부지 내에서 활성단층이 발견되었다. 안도 다다오는 이러한 땅이 가진 문제점과 대지진으로 피해를 입은 사람들을 위로하기 위한 개념을 추가하여 당초의 설계를 '기도의 정원(祈りの庭)'으로 변경하였으며, 변경된 설계에 의해서 시공이 이루어져 2000년에 오픈되었다.

하쿠단엔은 산의 경사면을 따라 4.5m×4.5m 규격의 100개의 화단을 계단 모양으로 만든 정원으로, 제일 높은 곳과 제일 낮은 곳의 높이 차이는 30m에 달한다. 하쿠단엔은 블록마다 '바다에 기도하는 정원(海に祈る庭)', '수확의 정원(収穫の庭)', '아와지 메도우가든(淡路メドウガーデン)' 등으로 구분되어 있다. 또한 하쿠단 언덕에서 오사카만을 내려다 볼 수 있어 전망도 장관이다.

이외에도 '바다 회랑(海回廊)', '산 회랑(山回廊)', 등을 통해 '하늘 정원', '물 정원'을 둘러볼 수 있도록 되어 있는데, 이것은 일본전통정원 양식인 회유식정원의 개념을 현대적으로 풀어낸 것이라고 볼 수 있다.

3) 고코쿠지 혼보마에테이엔(護国寺本方前庭)

위치: 東京都文京區大塚5-40-1
면적: 500㎡
설계: 우에노 슈조(上野周三)

竣工: 1999년

　이 정원은 오랜 기간 신도들이 절에 시주하여 경내에 보관하고 있던 재료만을 사용하여 조성되었다. 그러한 까닭에 이 정원을 설계하는데 있어서는 기존의 환경적 조건과 절에서 보유하고 있었던 소재들을 면밀히 살펴서 정원의 모습을 만들어야 할 필요가 있었는데, 이러한 점들이 일반적인 정원을 설계하는 것과는 다른 측면이었던 것으로 보인다.

　설계자인 우에노 슈조(上野周三)는 작정할 당시 정원이 조성될 장소에 심어져 있던 소나무의 수형을 보고 가쓰시카 호쿠사이(葛飾 北斎(1760~1849))가 그린 '후지산 36경(富嶽三十六景)' 중 '가나가와 해변의 높은 파도아래(神奈川沖浪裏)'의 구도가 떠올라 소

나무를 큰 파도로 상징하고, 나무 밑에는 넘실거리는 파도를 표현할 수 있도록 석조를 배치하였다고 한다. 한마디로 말해서 이 정원은 해변의 높은 파도와 넘실거리는 파도를 작정의 모티프로 해서 조성된 것이다.

이 정원에서 특히 신경을 쓴 것은 돌을 놓는 것이었다. 특히 정원이 사방에서 보이는 정원이기 때문에 어느 방향에서 봐도 돌이 아름답게 표현되어야 하는 조건을 만족시켜야 할 필요가 있었다. 이 정원의 중심이 되는 것은 높이 12척의 가쓰가도로(春日燈籠)로 이것을 구산팔해에 높이 솟아있는 수미산을 연상시키도록 자리를 잡았다. 이 정원의 석조는 하나하나의 돌의 개성을 살려서 사용한 까닭에 지금까지 작가가 고산수정원에서 사용하지 않는 돌만을 사용하게 되었으며, 결과적으로는 일반적으로는 찾아볼 수 없는 석조의 구성을 보이게 되었다.

이 정원에서 사용한 돌은 이예청석(伊予靑石), 삼파석(三波石), 화강암(花崗岩), 탑(塔), 춘일등롱(春日燈籠), 석교(石橋), 토비이시

(飛石), 소송석(小松石), 석당(石幢), 고로타(伊勢 ごろた), 산륜(散輪), 귀노천옥석(鬼怒川玉石)이다.

한편, 식물재료를 보면, 고목으로 곰솔, 녹나무, 홍매, 감탕나무, 단풍나무, 침향나무, 공작단풍나무, 중저목으로는 단풍철쭉, 오오무라 철쭉, 섬향나무, 사즈끼철쭉이 심어져 있고, 초화류로는 애란이 있으며, 그밖에도 엽란, 소철이 있다.

4) 웨스틴 도쿄(The Westin Tokyo) 호텔의 웨스틴 가든(The Westin Garden)

위치: 東京都目黒区三田1-4-1
설계: 이시하라 카즈유키(石原和幸)
竣工: 2013

도쿄의 도심인 에비스의 중심에 위치한 웨스틴 도쿄(The Westin Tokyo) 호텔의 웨스틴 가든(The Westin Garden)은 엘리자베스(Elizabeth II) 영국여왕이 정원의 마법사라고 칭하였고, 첼시플라워쇼RHS(Chelsea Flower Show)에서 10번의 금메달 수상경력이 있는 세계적인 정원가 이시하라 카즈유키(石原和幸)가 설계한 정원이다.

이 정원은 도시 생활의 번잡함을 잊게 해주는 녹색의 오아시스(green oasis)라고 불리는데, 호텔 측에서 손님들에게 아름답고 상쾌한 즐길 거리를 제공하기 위해서 조성하였다. 정원의 위치는 호텔의 1층 로비와 바에서 바라다 볼 수 있는 곳으로 로비의 커피숍과 바에서 바라보는 사람들에게 자연을 선물한다.

이 정원은 이시하라의 창조적 디자인을 볼 수 있는 중요한 작품으로 일본적 정서를 잘 보여준다. 특히 이시하라가 선택한 300 종류 이상의 꽃과 나무가 있어 4계절의 변화를 느끼게 해주고, 개울물 흐르는 소리와 새소리를 즐길 수 있도록 해준다.

정원의 구성요소를 보면, 가산, 폭포, 계류, 폰드, 데크 등이며, 원로의 포장은 왕마사에 샌드스톤을 불규칙하게 잘라서 시키이시 형식으로 포장하였는데, 이러한 작법은 일본의 전통적인 포장기법을 현재적인 재료로 재해석한 것이다.

정원에 도입한 식물을 보면, 소나무, 단풍나무, 가시나무, 배롱나무, 벚나무, 수양벚나무, 매화, 식나무, 남천, 가는 잎 뿔남천, 조팝나무, 팔손이, 좀작살나무, 철쭉, 수국, 붉은 병꽃, 바취목, 초본류로는 아스파라거스, 무늬아이비, 은쑥, 맥문동, 무늬맥문동, 시크라멘, 털머위, 접난, 고사리류, 도깨비 고비, 송악, 사초

류, 수생식물은 시페루스, 속새, 수련, 꽃창포 등이 주가 된다.

　이시하라의 정원조성 철학은 사람들이 자연과 공존하는 차분한 라이프스타일을 제시하여 사람들이 자연이 주는 평화와 풍요로움을 기억할 수 있게 하는 것이다. 이것은 그가 나가사키현의 풍부한 자연 속에서 자랐기 때문에 자연적으로 형성된 것이라고 보인다. 그는 웨스틴 정원에서 일본의 전통적인 농촌풍경인 '사토야마'를 재창조했다고 말한다. 이시하라의 정원은 생물을 위한 서식처와 환경을 제공하는 비오토프(biotope)로 기능한다고 말한다. 작은 물고기가 시내에서 수영하고 새들이 나무를 방문하고, 초여름에는 반딧불이 방문자를 즐겁게 하는 것이 곧 정원이라는 것이그의 생각이다.

　웨스틴 도쿄 호텔의 웨스틴가든은 지역사회에 기여하는 공동체정원으로서의 기능도 갖는다. 지역주민들에게 가든투어를 제안하여 지역주민들이 함께 즐길 수 있도록 했고, 도쿄 메트로폴

리탄 사진박물관과 협력하여 아이들에게 가드닝프로그램에 참
여하도록 초청하기도 했다.

홍광표(동국대학교 조경학과 교수)

한국의 전통

1. 한국 전통정원의 실상과 사상적 배경

고래로 한국인들에게 산수는 단순한 산과 물이 아니라 총체적인 자연을 의미하는 것이었으며, 또한 그것은 도(道)의 본질이 내재된 존재로서 지형적·물질적 세계가 아니라 철학적·정신적 세계였다. 한국인들은 이런 산수 자연과 함께 하는 풍류 즐기기를 좋아했다. 그런데 산수 자연 그 자체를 정원으로 보기는 어렵다. 그러나 누대나 정자에 오른 이가 산수 경관을 감상하며 즐기면 산수 자연은 어느덧 심정적 소유물이 되면서 인문화 된다. 인문화 과정을 거친 산수 자연은 정원으로서의 성격을 띠게 되는데, 이것을 우리는 산수정원, 또는 임천정원(林泉庭園)이라 부른다.

산수정원의 중심은 누정이다. 누정에서 풍류를 즐기는 사람은 원래부터 정해진 것이 아니다. 그렇지만 과거 누정 문화의 주역은 아무래도 낙향한 선비나 은일처사들이라 해야 옳다. 그들에게 원산, 송림은 물론 공산에 걸린 달, 하늘을 떠도는 구름, 계곡 물소리, 송풍(松風), 지저귀는 새소리까지 모든 것이 감상의 대상이 되었다. 물아일체의 경지를 추구해 온 선비들은 이 모든 것을 가까이서 객관적으로 관찰하기보다 멀리서 주관적 시선으로 바라보았다. 산수정원은 그들에게 단순히 시각적 즐거움을 주는 것에 그치는 것이 아니라 대자연의 이치를 생각게 하는 계기를 마련해 주고, 인간 본성을 회복하는 기회를 제공해 주었다는 점에서 세계 정원사에서 매우 특별한 의미와 가치를 지닌다 하겠다.

한국정원사에서 산수정원 다음으로 중요한 위치를 차지하고 있었던 것이 별서정원(別墅庭園)이다. 보길도 부용동 정원, 담양 소쇄원, 영양 서석지 정원, 봉화 청암정 정원이 대표 유적으로 꼽힌다. 이들 별서는 대부가 낙향하여 처사로 살면서 선비 된 도리를 지키며 수신하는 은거지 성격을 가진 점에서 공통된다. 선비들에게 은둔은 출세(出世) 못지않게 중요한 의미를 갖는다. 의롭지 못한 관직 생활을 버리고 낙향하여 고답을 추구하면서 수신하는 것이 선비 된 도리를 다하는 것으로 믿었다. "나물밥에 물마시고 팔 베고 눕더라도 즐거움이 또한 그 속에 있으니, 떳떳하지 못한 부귀는 나에게 뜬구름과 같다(飯疏食飲水 曲肱而枕之 樂亦在其中矣 不義而富且貴 於我如浮雲)"(『논어』 「술이(述而)」)라고 한 공자의 말은 별서 생활을 하는 명분이 되었다.

위에서 예로든 별서정원의 일반적 특징은 경계가 무한대로 확장되어 있다는 점이다. 차경(借景) 수법을 도입한 때문이다. '차경'은 '경치를 빌려 온다'는 말로, 정원 경계 밖의 산수 경관을 감상의 대상으로 삼는다는 것과 같은 의미다. 차경 수법이 도입되면 정원은 자연 경관과의 경계가 모호해진다. 이것은 정원이 산수화 된 상태이기도 하고 산수 자연이 정원화 된 상태이기도 하다. 조선 중기의 문신 송순(宋純)이 지은 다음과 같은 시 속에 진정한 차경의 세계가 펼쳐 있다.

"十年을 經營ㅎ여 焦慮三間 지여내니 나 혼간 둘 혼간에 淸風 혼간 맛져 두고 江山은 들일 듸 업스니 둘러 두고 보리라."

달과 바람을 초당에 들였다 했으니 대자연을 정원에 편입시킨 것이다. 그리고 강산은 둘러 두고 본다고 했으니 초당을 대자연에 편입시킨 것이다. 결국 이것은 초당과 대자연을 하나로 묶었다는 얘기가 된다. 이런 점에서 별서정원의 차경은 산수를 정원으로 탈바꿈시키는 수법이기도 하지만 정원을 산수에 편입시키는 방법이기도 한 것이다.

옛 선비들이 별서정원을 조성하게 된 중요한 이유 중 하나는 출처지의(出處之義)의 실천이다. 그렇지만 정원에는 이를 직접 표방하는 경물은 찾아보기 어려운 대신 성리학과 관련된 요소들이 정원에서 발견되는데, 대표적 사례가 방지원도형(方池圓島形) 연못이다. 이것은 천원지방(天圓地方)이라는 우주의 구조 원리를 상징한다. 이밖에 차경(借景) 수법에 의해 정원화한 산, 바위 등에 붙여진 이름, 정원 내 건물의 당호에서도 성리학과 관련된 내용을 찾아 볼 수 있다. 보길도의 주봉인 격자봉(格紫峰)은 차경 수법에 의해 부용동 정원에 포함된 산이다. 봉우리 이름은 윤선도가 성리학의 격물치지 개념과 성리학의 비조 주희를 모신 자양서원(紫陽書院) 이름을 따서 지은 것이다. 또한 낙서재 뒤쪽 바위를 소은병(小隱屏)이라 한 것도 주희와 관련이 있다.

양산보가 소쇄원 정원의 정자와 당의 이름을 각각 광풍각(光風閣), 제월당(霽月堂)으로 지은 것이나, 이황이 별서 정원을 꾸밀 때 연못 이름을 광영당(光影堂)이라 한 것 등은 모두 주희 등 성리학자의 행적과 사상을 흠모한 흔적이다. 또한 영양 서석지 정원의 누정 이름을 경정(敬亭)으로 명명한 것이나, 함안 무기연당 풍욕루(風浴樓) 편액에 '敬'자 한 글자를 써놓은 것은 성리학의 거경궁리의 뜻을 새긴 것이다.

별서정원에는 또한 도가사상이 투영돼 있다. 도가사상(道家思想)은 노장사상의 핵심인 도(道)와 무위(無爲) 개념으로부터 나온 것이다. 도는 삼라만상의 궁극적 원리를 의미하는 것으로, 모든 존재의 근원적 모태이기 때문에 근원으로 돌아가면 인간의 우환을 근본적으로 해결할 수 있다고 도가사상가들은 가르친다. 한편, 무위란 인간의 가치관이 완전히 배제된 상태를 가리키는 것으로, 자연을 법으로 삼는 것을 인정할 때 현실적으로 무위는 자연의 법에 따라 살아가는 행위라 할 수 있다.

도가사상은 조선시대는 물론이거니와 그보다 앞선 시대에 있어서도 한 번도 국시(國是)로 선양된 적이 없었고, 또한 그것을 드러내놓고 표방한 사람도 그리 흔치 않았다. 그러나 옛 선비들, 특히 처사들은 무위자연을 노래하는 것을 큰 즐거움으로 삼았고, 산수 강호의 자연 속에 사는 것을 낙으로 여겼으며, 특히 별서 생활에서 평소에 지녔던 도가적 성향을 숨김없이 드러냈다. 이러한 삶의 태도는 정원 조성과 경영에도 적용되었다. 예컨대 계류의 방향을 억지로 바꾸거나 물을 거꾸로 솟구치게 하는 분수 같은 것은 설치하지 않았다. 자연 법칙에 순응하려는 태도는 정원수를 선택하는 데에서도 나타났다. 사철 푸른 상록수보다 계절에 따라 꽃이 피고 낙엽 지는 활엽수를 좋아 하였고, 나무를 심을 때도 줄을 맞춰 심기보다는 자연스러운 운치를 염두에 두었다.

현실적 제약이 자신을 강하게 억누를 때 인간이라면 그 상황에서 벗어나 보다 자유로운 생을 누릴 수 있기를 염원한다. 인간의 욕망 가운데서 가장 원초적이고 절실한 것이 주어진 수명의 한계를 넘어 불로불사의 생을 누리는 일이다. 현실에서의 불로불사를 추구하는 도교에서는 그 해결의 방법 몇 가지를 제시하고 있다. 우주의 궁극적인 실재이자 천지만물의 근원인 도(道)와 신비적으로 합일함으로써 생사의 차원을 초월하는 방법, 인간을 죽게 하는 불순 조잡한 '기(氣)'를 특수한 호흡법을 통해 순수한 우주 근원의 기운으로 바꾸는 방법, 그리고 선약을 복용하는 등의 의학적 방법 등이 그것이다. 이와 함께 충효인신(忠孝仁信)을 생활의 근본으로 삼으면서 선을 쌓고 공을 세워 득도하면 선인(仙人)이 될 수 있고, 선인이 되면 불로불사할 수 있다는 등 윤리 도덕의 실천을 통한 영생의 방법도 제시하고 있다.

도교에서 신선들이 사는 곳은 기본적으로 산으로 설정돼 있다. 특히 봉래(蓬萊), 방장(方丈), 영주(瀛洲) 등 삼신산은 선계의 중심으로 여겨졌다. 삼신산에 대한 관념은 고대 중국 제나라의 북동 해안에 있는 명산을 대상으로 제사를 지냈던 팔신제(八神祭)에서 나타났다. 『사기(史記)』「봉선서(封禪書)」 내용을 보면, "신산에는 선인이 살고 불사의 약이 있다고 하며, 신산의 모양은 구름과 같아서 가까이 가면 금시 바다 밑에 있고, 더욱 가까이 가면 바람이 몰고 가버려 보이지 않는다."라고 기록돼 있다. 중국의 진시황과 한 무제가 불로초를 구하려고 동남동녀를 보냈다는 삼신산이 우리나라의 금강산[봉래산]과 지리산[방장산], 한

라산[영주산]이라는 전설도 전해진다.

　전통 정원에서 신선사상과 관련된 것 중 대표적 경물은 삼신산 또는 삼신선도(三神仙島)이다. 정원 일부분이나 연못 속에 세 개의 산 혹은 세 개의 섬이 조성되어 있는 것을 볼 수 있는데, 이것이 삼신산의 상징형이다. 주요 유적으로 경복궁 경회루 연지의 삼신선도, 남원 광한루원 연지의 심신선도 등이 있다.

　경남 양산의 소한정(小閒亭) 정원 연못의 거북바위, 오동나무 숲의 봉황바위, 학바위, 그리고 남원 광한루원 연못가의 자라 조각상 등도 모두 도교의 신선사상과 연결된 경물이다. 거북, 또는 자라는 장수의 상징임과 동시에 토끼와 함께 용궁이라고 하는 해중(海中) 선계를 오가는 영물로, 학은 장수의 상징물이자 신선의 탈 것으로 여겨진 새다. 그리고 봉황은 여신선 서왕모(西王母)가 산다는 곤륜산 정원에서 신선들과 함께 노닌다는 상상의 새이다. 이밖에 연못의 섬에 주로 심어지는 소나무는 늘 푸르기 때문에 일직부터 신선과 함께하는 나무로 인식되었다.

　풍수는 음양론과 오행설을 기반으로 땅에 관한 이치, 즉 지리(地理)를 체계화한 논리구조로, 길한 것을 추구하고 흉한 것을 피하는 것을 목적으로 삼고 있다. 풍수사상은 도읍이나 마을 터를 정할 때는 물론이고 정원 터 잡기, 나아가서 건물이나 정원수의 배치에까지 영향을 끼쳤다. 길한 터를 점지하고 그 터를 명당화(明堂化) 함으로써 가문의 부귀와 자손의 번창을 기원하는 전통 기복사상의 하나이다.

　보길도 부용동 정원의 내력이 담긴 윤위의 『보길도지(甫吉島識)』에 부용동 정원과 풍수와의 관계를 엿볼 수 있는 내용이 기록돼 있다. 보길도의 주봉인 격자봉 정북향에 혈전(穴田)이 있는데, 이곳에 있는 낙서재를 양택(陽宅)이라 했다. 격자봉에서 서쪽으로 뻗어내려 서쪽에서 남쪽, 남쪽에서 동쪽을 향해 돌아 있는 세 봉우리를 안산이라 했으며, 낙서재 오른쪽의 하한대가 우백호, 낙서재 왼쪽의 고사리 밭과 석전이 내청용에 해당된다고 했다.

한편, 경북 영양 서석지 정원의 경우 경정을 중심으로 한 내원(內園)의 연장선상에 있는 외원(外園)의 형국을 살펴보면, 북쪽 대박산이 주산이 되고, 작약봉을 거쳐 자양산으로 이어진 산이 좌청룡이며, 영등산에서 봉수산과 나월엄으로 이어진 산이 우백호이다. 좌청룡 우백호의 산자락이 석문(石門)을 이루고 있고, 이곳에서 청기천과 반변대천이 합수되어 내수(內水)가 되며, 대청계류와 산해동 앞에서 다시 합쳐져 외수(外水)를 이룬다. 서석지 정원 주인 정영방이 이곳에 정원을 처음 조성할 때 주변 일대의 풍수적 조건을 충분히 고려했음은 의심할 의지가 없다.

그런데 풍수지리에서는 명당수라 해도 그 물을 그대로 방류하면 지기(地氣)가 쇠할 염려가 있다고 한다. 그래서 이를 막기 위해서 동쪽으로 흘러든 물을 일단 머물게 하는 장치를 마련하기도 한다. 예로부터 옥녀탄금형(玉女彈琴形)의 명당자리에 위치하고 있어 풍수가 사이에 널리 알려져 있는 논산 윤증 선생 고택의 정원을 살펴보면, 집 동쪽 바깥마당에 넓고 네모난 연못이 있는데, 이 연못이 서류동입(西流東入)하는 명당수를 잠시 머물게 하는 역할을 한다. 이처럼 정원 동편에 연못을 파는 것은 땅의 기운이 쇠하는 것을 방지하는 풍수적 장치로서 조선시대 사대부들의 정원에서 흔히 찾아 볼 수 있다.

별서를 마련할 때에도 풍수조건에 관심을 기울이지만, 나라의 도읍 터나 궁궐터를 정할 때 명당 길지의 조건을 갖추는 일은 무엇보다 중요시 된다. 터의 명당여부에 따라서 왕권의 홍망성쇠가 좌우된다는 믿음 때문이다.

태조 이성계가 조선왕조를 건국하고 한양을 도읍지로 정하기까지 수많은 풍수가의 조언을 듣고, 또 수차례의 논란을 거듭하는 등 신중에 신중을 기했던 것이 이를 잘 말해준다. 당시의 군신들은 한양을 도읍으로 정한 뒤 정국인 경복궁을 비롯한 여타의 궁궐을 조성할 때도 명당의 조건을 갖추려고 노력했는데, 그 대표적 사례가 경복궁 영제교(永濟橋)와 창덕궁 금천교(錦川橋) 밑에 명당수를 조성한 것이다. 경복궁의 경우는 북악산에서 남류 해 온 물길을 서쪽 영추문(迎秋門)에서 동쪽으로 꺾어서 흐르게 했고. 창덕궁의 경우 서쪽 돈화문(敦化門) 근처에서 동쪽으로 흐르게 물길을 잡았다. 이것은 서류동입하는 물길이 수윤(水潤)의 성덕을 가져다준다는 명당수 개념을 인위적으로 궁원에 적용하기 위함이었다.

지금까지 한국 정원사에서 중요한 위치를 차지하는 산수정원과 별서정원을 비롯해서 향원, 궁원 등 전통정원에 투영된 배후사상을 살펴보았다. 산수정원의 핵심원리는 사람이 직접 자연 속으로 들어가 산수 경관 자체를 정원으로 탈바꿈시킨 것이라는 데 있고, 그 존재 의미와 가치는 만물의 근원을 생각게 하는 계기를 마련해 주고, 인간 본성을 회복하는 기회를 제공해 주었다는 데 있다. 별서정원은 출처지의를 중요시한 선비들의 유교 생활철학의 산물이라고 할 수 있으며, 그 조성 배경에는 차경 (借景)을 통해 인위를 자연으로 되돌리려는 자연주의 사상이 자리 잡고 있다. 각 정원 유적 속에는 자연 실상을 깨달아 무위(無 爲)의 삶을 추구하는 도가사상, 속세를 떠나서 선계에서 신선처럼 살기를 바라는 신선사상, 땅의 길흉을 따져 안정과 행복을 확보하려는 풍수사상, 삶의 가치와 사상적 기준을 그들로부터 찾으려 한 상고주의(尙古主義) 정신 등 다양한 사상들이 여러 형태의 경물을 통해 드러나 있다. 이처럼 다양한 사상들이 정원 속에 혼재하고 있지만 한국 전통정원 전체를 지배하고 있는 일관된 흐름은 무엇보다도 자연에 순응하며 자연과 조화를 이루려는 한국적 자연주의 사상이라 해야 옳을 것이다.

허균(한국민예미술연구소장)

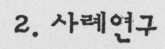

2. 사례연구

한국 연못

1. 한국 전통 수경시설 조성 기법

1) 머리말

예부터 중요한 옥외공간에는 반드시 연못을 조성했고, 오늘날에도 마찬가지로 옥외중심공간에는 다양한 수경시설을 설치한다. 연못의 물은 수면의 맑고 고요함으로부터 관조를 하게 해주고 기분을 상쾌하게 전환시켜서 내일을 향한 재충전을 하게 해준다.

연못으로 대표되는 수경시설은 최초로 발굴에 의해서 원래의 모습이 드러난 고대의 연못 유구로부터 그 조성 기법을 규명할 수 있다. 한국의 고구려, 백제, 통일신라의 발굴된 연못과 복원 사례에서 독특한 조성 기법을 볼 수 있고, 동시대 일본의 고대 연못 복원사례로부터 조성 기법을 비교할 수 있다.

2) 고구려, 백제 연못

 고구려

長壽王 15년(427)에 도읍을 평양으로 옮기고 大成山城 남쪽 기슭에 있는 安鶴宮址를 축조한 것으로 추정하며, 안학궁터 정원 터의 제3호 궁전 앞뒤에는 못자리가 있다. 못자리에서 가장 큰 것은 성의 동쪽 벽과 남쪽 벽 모서리 부분에 있다.

대성산성은 평양지역을 방위할 목적으로 지어졌으며, 8개의 발굴된 못자리에서 여러 종류의 조성 기법을 볼 수 있다.

〈 대성산성에서 발굴된 연못 〉

구분	위치	평면형태	규모	바닥시설	특징
1호	장수봉 남쪽계곡	장방형	동서 37m 남북 34m 깊이 1.1m	잔돌을 깔았음	모서리들은 상당히 큰 것을 사용 연못 외곽에서 중앙으로 가면서 경사를 지어 연못 중앙이 깊어지도록 함. 연못 주변에 정자가 시설되어 있음.
2호	장수봉 남쪽기슭	원형	직경 18m 깊이 1.1m	돌이 깔려 있음	입수구에 작은 돌무더기 설치-정화용 4중 호안-장마철에 물이 일시에 흘러 들어가지 않도록 또는 정화용
3호	장수봉 남쪽계곡	장방형	동서 20m 남북 25m	돌이 깔려 있음	연못 모서리는 둥글게 처리 4중 호안
5호	장수봉 남쪽계곡	장방형	동서 15m 남북 16.5m		
6호	소문봉 정상	장방형	동서 42.5m 남북 10m		2단 호안 입수구에 돌무더기 설치

7호	소문봉 정상	이등변 삼각형	각 변 15m, 8m, 8m		호안의 동쪽모서리가 잘려져 있음. 연못 북쪽에 돌담(폭120cm, 높이 30~40cm)을 만들어 물이 흘러 들어오는 것을 방지
10호	울대봉과 장수봉 사이 계곡	정방형	한 면 18.2m	진흙 다짐	호안-석축 18단, 높이 3.9m
16호	대성산성 계곡의 중심	원형	직경 14.6m 깊이 3.3m		호안-20~40cm 크기의 돌을 성벽축조수법으로 쌓았음. 못의 서남쪽에 배수구 연못 주변에 정자가 있었던 것으로 추정

진주지(眞珠池)는 定陵寺址 서편 낮은 저습지에 위치한다. 평면 형태는 말각방형에 가까우며, 원지는 토축 호안이다. 원지 내부에는 4개의 섬을 조성하였고 바닥에는 자갈이 깔려있다.

한성백제시대에는 『삼국사기』 백제본기 진사왕(辰斯王) 7년 (391) 정월에 궁실을 重修하고 못을 파고 假山을 만들어 진귀한 새와 이상한 화초를 길렀다고 한다.

백제가 熊津城으로 도읍을 옮긴 후 東城王 22년(500) 봄에 궁성 동쪽에 臨流閣을 지었고 연못을 파고 진귀한 짐승을 길렀다 하였다. 이 웅진성은 지금의 公山城인데 현재 공산성내의 백제의 조경유적은 둥근 못자리와 영은사 앞 挽阿樓池이다. 못 벽면은 물이 새지 않게 1m 공간에 진흙을 다져 채우고 그 표면에 부정형의 할석으로 면을 맞추어 비스듬히 쌓아올리고 못 바닥도 물이 새지 않게 진흙을 다지고 할석을 평평하게 깔았다

『삼국사기』武王 35년(634)에 궁 남쪽에 못을 파고 20여 리에서 물을 끌어 들였으며, 못의 네 언덕에 버드나무를 심고 못 속에 섬을 만들어 方丈仙山을 모방하였다. 위의 기록에서 방장선산은 도교의 불로장생을 염원하는 신선사상을 표현한 봉래, 방장, 영주의 三神山의 하나로서 우리나라에서 최초로 조성된 삼신산이며, 네 언덕 기록은 方池로 볼 수 있는 근거가 된다. 또 望海亭이라는 건물의 명칭을 통해 이 못을 바다로 상징했음을 알 수 있다.

국립부여박물관 정문 앞 연못 호안 석축은 석축뒷면에 적심석을 채워가며 견고하게 쌓았다. 연못의 물은 솟아나는 지하수를 이용했고 배수시설은 지하에 토수 기와를 눕히고 관을 만들어 설치했다.

定林寺址에는 동서로 두 개의 네모난 연못이 있다. 동쪽 연못은 동북쪽 호안 모퉁이에서 직경 10cm내외의 토사 방지 木柱(나무기둥)가 북쪽 호안을 따라 촘촘히 박혀 있었던 자리가 있으며 이것은 호안 시설로 보인다. 동쪽 호안 남단 부근에 입수구가 발견되었는데 얕게 판 도랑이었다.

부여 관북리 연못 호안 석축은 수직으로 인공이 가미된 할석으로 주로 횡으로 쌓았다. 원지 북편에 2열로 돌을 깔고 기와를 이용한 입수시설이 있다.

익산 왕궁리 연못은 석축의 높이를 활용하여 관석으로 외곽을

구획하고 내부에는 조경석과 바닥에 강자갈돌을 깔았다. 북쪽에서 물이 유입되는 부분은 넓적한 판석상의 괴석을 놓고, 동쪽과 남쪽에는 장대석을 세워 칸막이를 설치하였다. 이 연못은 물받이시설과 조경석 등으로 수로 주변을 화려하게 장식한 형태, 후원을 경계 짓는 환수구 확인 등을 할 수 있는 중요한 자료이다.

3) 통일신라 연못 복원정비

 안압지

안압지의 수질을 제어하기 위해서는 다양한 방법이 사용될 수 있으나 기계식인 경우 대부분 고가의 설치비와 유지관리비가 소요된다. 안압지의 부영양화 제어를 위해 인 농도의 제어가 가장 중요하다고 판단되며 특히 바닥의 퇴적물로 인한 인 용출이 과다한 것으로 분석된다.

황산반토를 이용한 안압지의 조류제거는 수질정화에 있어서 가장 경제적이고 시간상으로도 그 효능이 빠르다. 황산반토는 가격이 저렴하고 구하기 쉬운 재료일 뿐만 아니라 2차오염의 염려가 없다.

안압지 경관석은 북안에서 우뚝 선 입석을 볼 수 있으며, 못 안의 삼신산을 향하고 있다고 생각할 수 있다.

대도는 당시의 경관석 배치상태가 가장 잘 보존된 곳이다.

소도는 신선사상에 의한 삼신산 중 대표되는 봉래도라 볼 수 있고 돌로 쌓은 가산(假山)인 석가산이었다고 할 수 있다. 발굴

♣ 소도

사진 유구에서도 이와 같이 봉래산을 상징하는 석가산이었음을
확인할 수 있고, 특히 축석 양식은 한 건장궁도의 태액지와 『日
本の庭』에 나타나는 '연못 속에 떠있는 모양으로 놓여있고 섬을
쌓고 그 위에 장식했던 것이다... 점대의 중심에는 돌물고기가
1마리 돌거북이 2마리가 수영하는 모습을 하고 있다고 상상된
다.'의 묘사와 흡사함을 알 수 있다.

　안압지 식재에 대해서 『삼국사기』文武王 14년조에 궁내에 못
을 파고 산을 만들고 화초를 심고 기이한 금수를 길렀다고 기록
하고 있다.

　조경수목에 관한 조사는 문헌조사와 화분조사의 두 방법을 택
했다.

　문헌에 보이는 삼국시대의 조경수목으로는 복숭아, 오얏, 매

화, 느티, 연, 배, 살구, 모란, 수양버들, 잣, 소나무, 대, 산수유, 치자나무가 있다.

기이한 짐승을 길렀다는 금수의 종류에 대해서는 발굴조사 결과 거위, 오리, 산양, 사슴, 말, 개, 돼지뼈 들이 못 속에서 출토되었다. 위와 같은 짐승들이 당시 안압지 주변에 서식하고 있었던 것 같다.

식재 복원정비를 위한 수종 선정은 문헌조사와 안압지 화분분석 결과, 구황동 원지 화분분석 결과, 중국과 일본의 고대 수종을 참고로 해서 선정했다.

- 교목: 감나무, 털굴피, 느릅, 밤나무, 단풍나무, 전나무, 느티나무, 소나무, 버드나무, 복숭아, 오얏, 배나무, 살구나무, 소나무, 대나무, 산수유
- 관목, 초화류: 모란, 치자, 매화, 국화, 쑥, 붓꽃, 병꽃나무, 석죽

식재 복원계획은 다음과 같이 수립했다.
- 경내: 감나무, 털굴피, 느릅, 밤나무, 단풍나무, 전나무, 느티나무, 소나무, 버드나무
- 연못 동쪽: 복숭아. 오얏, 배나무, 살구나무, 소나무, 대나무, 산수유
- 동쪽 호안: 모란, 치자, 매화
- 섬: 국화, 쑥, 붓꽃, 병꽃나무, 석죽
- 연못: 소도 주변 격자틀에 연꽃

입·출수시설은 못의 동남쪽 모서리에 6단계의 입수구가 발견

되었는데 1단계는 자연석 석구, 2단계는 다듬어진 판석을 깔고 그 양 옆에 역시 가공된 판석을 세웠으며, 3단계는 자연석 수구 시설, 4단계시설은 2단의 석조로 梅月堂의 安夏池舊池란 시에서 引水龍喉勢의 龍喉는 용 또는 거북의 석조물이 있어 이곳에서 물이 쏟아져 나왔을 것으로 본다. 5단계는 자연석으로 둘러싸인 작은 못, 6단계는 2단의 폭포를 이룬 입수로이며 청각효과를 준다.

♣ 6단계 2단 폭포 입수로

♣ 복원된 출수구

북안서쪽에서는 장대석을 2단으로 쌓고 1단과 2단의 이음부에 구멍을 뚫고 그곳에 목재 마개를 꽂아 놓은 특수시설이 발견되었다. 또 2단의 장대석 중 위에 碑모양으로 凹部를 만들고 凹部중앙에는 반원형 홈이 파여 장대석을 가로지르게 되어있었다.

이 시설은 출수구의 맨 앞쪽 장치인데 못 안의 수량조절을 위해 만들었던 것 같다.

이 출수구 바로 앞에는 碑덮개돌과 같은 석재가 뒤집힌 상태로 발견되었는데 장대석의 홈 위에 碑身과 같은 석재를 올려놓고 그 위에 덮개

돌을 얹어 碑身돌에 해당하는 부재에 수량을 조절할 수 있는 구
멍이 뚫려있지 않았나 추정한다. 입석에 구멍을 4개 뚫고 마개
로 수량을 조절하는 출수구는 추정 복원된 것이다.

　못 바닥에는 두께 50cm 정도로 진흙을 다지고 그 위에 점토와
자갈 등을 섞어 강회다짐을 하여 방수처리를 한 다음, 모래를 깔
고 까만 바닷가의 조약돌을 깔았다. 이외 소도바로 북편 옆에서
바닥에 한 변 1.2m, 높이 1.2m의 井자형 나무틀이 발굴되어 이
것을 설치하여 수생식물을 심었던 것을 알 수 있다.

♣ 안압지 복원정비계획도(2009)

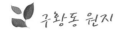

조성시기는 통일신라로 추정한다. 복원계획은 2007년에 수립되었다.

입, 배수의 호안경사는 약 1:2 정도이며, 집수정 및 배수로, 암거 등으로 구성되어 있고, 출수로 부분에서는 암거시설로 유입된다.

입, 배수 복원계획 수립시 유입부에는 물너미 시설을 설치하여 물순환 및 수질관리가 용이하고 유수의 낙차로 인한 경관성 확보가 가능하나, 원지 복원계획에 따라 암거 내부에 설치할 수 있다.

♣ 동남쪽 방향으로 촬영한 전경

집수정은 복원하여 자연유하관로의 유입부로 활용하고, 펌프 순환시설에 의한 경관성 및 수질을 확보하며, 펌프 순환시설 적용시 북편 배수로 부분은 2개의 유입부를 설치하여 순환을 용이하게 하고, 펌프 순환용 매설 파이프는 부근 유적 훼손이 발생할 수 있으므로 가능한 원지내 하상을 이용하여 매설하며, 모터의 소음 방지를 위한 배치나 방지시설이 필요하며, 펌프시설은 가능한 원지유적에서 충분히 이격 시키고, 담장 밖으로 설치하여 소음 및 진동을 방지해야 한다.

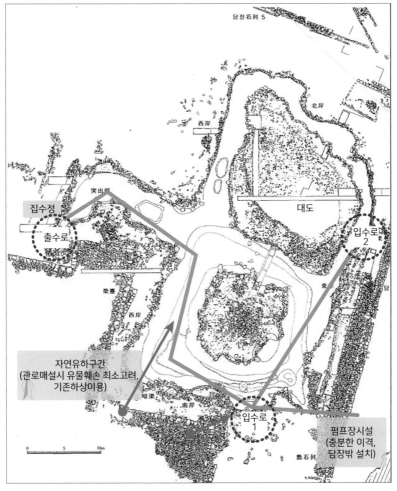

♣ 급,배수 계획 제안

원지내의 하상을 그대로 복원하는 것을 원칙으로 하며, 50cm 내외의 수심 확보를 위한 수위 결정이 필요하고, 원지의 유지관리는 유입부에 필터 시설 설치에 의해 낙엽 및 기타 부유물을 차단하고 수시로 점검하고 청소를 실시하고, 원지 전체의 물갈이를 1년 수회 실시한다.

식재 복원계획에서 문헌에 보이는 조경수목은 안압지와 동일하다.

식재수종은 문헌조사와 구황동 원지 화분분석 결과와 안압지 화분분석 결과를 참고로 선정하였다.

- 교목: 소나무, 느티나무, 느릅나무, 감나무, 단풍나무, 전나무
- 관목: 국화, 쑥, 붓꽃, 병꽃나무, 부들, 석죽

규모는 식재지역 동서방향 돌출부 아래 축대 북쪽에서 동서방향 북쪽담장 아래는 마당공간의 성격으로 파악되며 교목 중심으로 식재하고, 대도에는 발굴시 별다른 유구가 노출되지 않고 국내외사례 비교하여 관목식재하고, 원지 동북은 발굴시 별다른 유구가 노출되지 않았으며 차폐식재 성격의 교목식재, 원지에 연꽃 등 수생식물을 식재, 동서방향 축대 도출부분에 관목 식재한다.

바닥 유구는 고저차이에 의하여 상·하로 대별된다. 상·하층의 고저차는 일정치 않으나 대개 60cm 안팎의 차이를 보이며, 바닥의 처리상태도 다른 양상을 보인다. 하층바닥에는 경질의 회갈색 자갈 모래층 또는 자갈이 혼입된 점사질 토층이 확인되

었으며 침수시 누수를 방지하고자 했던 것으로 판단된다. 상층
바닥은 점성이 없고 밀도도 떨어지는 모래자갈층으로 조성하여
하층바닥과는 차이가 있다.

입·배수 시설 유구의 동쪽 호안 북단부에서 남으로 약 4.4m
지점에서 원지 동편담장을 동서로 관통하여 원지로 연결되는
암거가 시설되어 있다. 원지바닥에 만들어진 한 변 40cm의 사
각형 입수구는 암거와 60cm의 낙차폭이 있어 내부 바닥에 큰
판석을 경사지게 하여 물을 이끌고 있다.

완만한 경사를 이루는 바닥면은 호안에 인접하여 80cm의 낙
차를 두어 원지로 이어진다.

원지 서편이자 건물지군 남편에서 'ㄹ'자형 출수로와 돌을 깐
시설이 확인되었다.

4) 일본 苑池 유적 복원정비 사례

 平城宮跡 東院庭園 복원정비

평성궁 동원정원은 1967년부터 발굴조사 하였으며, 복원정비
는 1998년에 완공되었다.

동원정원은 아스카시대말에서 나라시대 전기에 이루어지고
있는 기하학적인 방형 연못에서 자연풍경식 곡지로의 전환이
이루어지던 과도기의 유적이며, 그 과도기적 변천을 보여주고
있다고 말할 수 있다.

전기 동원정원의 못은 비교적 직선적인 호안선과 못 바닥의

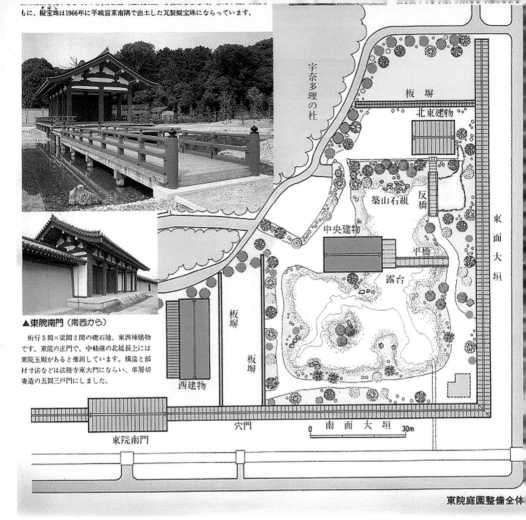

もに、橋宝珠は1966年に平城宮東南隅で出土した瓦製擬宝珠にならっています。

宇奈多理の杜

板塀

北東建物

築山石組

反橋

東面大垣

中央建物

平橋

露台

▲東院南門（南西から）

桁行5間×梁間2間の礎石建、東西棟建物
です。東院の正門で、中軸線の北延長上には
東院玉殿があると推測しています。構造と部
材寸法などは法隆寺東大門にならい、単層切
妻造の五間三戸門にしました。

板塀

板塀

西建物

東院南門

穴門

南面大垣

0　　　　30m

東院庭園整備全体

♣ 일본 동원정원

돌깔기, 돌쌓기의 호안기법 등에서 아스카시대의 정원의 흔적
을 확인할 수 있다.

　그러나 후기 동원정원의 못은 한국으로부터 수용되었던 아스
카시대의 원지의 특색을 일소하고 중국의 궁원을 모델로 하여
곡지와 섬이 중심이 되는 자연풍경식의 구성을 함과 동시에 일
본정원의 가장 큰 특징으로 불리는 거친 바닷가 모습을 나타내

는 洲浜(스하마)의 형식을 확립했던 것이다.

복원에 제시된 기본적인 방침은 아래와 같다.

① 나라시대후반의 정원 형태 및 건물을 복원 정비한다.

② 유구는 보호를 위하여 흙을 덮고, 그 위에 못, 건물, 다리, 담장 등을 원래 크기로 복원하지만, 돌놓기와 景石의 일부는 실물을 노출 전시한다.

③ 출토된 식물유체 등의 발굴성과와 문헌사료를 함께 참고하여 식재수종을 선정하고, 고대 정원에 어울리는 경관을 복원한다.

복원은 정원지형의 복원정비, 못의 물, 식재의 복원, 건물복원은 중앙건물, 북동건물, 平橋와 反橋, 서건물 복원과 활용을 했다.

 平城京左京三條二坊宮跡 정원 복원정비

나라시대에 조성된 귀족정원으로 흐르는 물에 잔을 띄우며 시 짓기 연회를 했던 곡수유상이며, 1984-1985년 원지복원사업이 실시되었다.

복원정비사업 기본구상 및 설계는 의미 있는 활용을 제공하고, 고대를 상기하는 장으로 체험적으로 이해를 할 수 있는 장소를 조성하며, 실물의 노출전시가 바람직하지만 관리방법에 특별한 주의를 기울이고, 관리시설이 근접하도록 배치하고 전시시설을 마련하는 것이다.

복원정비사업 세부는 지형조성계획, 급·배수계획, 원지의 노출·수복·복원으로 연못에 사용되는 돌은 6종류 즉 경석, 바닥돌, 호안입석, 호안玉石, 바닥 자갈깔기, 외부조약돌 등이며, 돌의 보존처리, 식재복원(종류, 위치, 규모), 지형복원, 修景재배, 담장, 편익관리시설 설치 등이다.

5) 맺음말

한국에서 발굴, 복원정비계획된 고대 연못의 조성기법 중에서 현대에 적용할 수 있는 중요한 요소들이 적지 않으며 대표적으로 다음 사항을 들 수 있다.

고구려 대성산성 못자리는 정화용으로 입수구에 작은 돌무더기를 설치하고, 4중 호안으로 장마철에 물이 일시에 흘러 들어가지 않도록 했고, 진주못은 바닥에 자갈이 깔려있기도 했다.

백제 연못은 못벽면을 진흙을 다져 채우고, 못바닥도 진흙을 다지고 할석을 평평하게 깔았다. 석축뒷면에 적심석을 채워 견고하게 쌓고, 배수시설은 지하에 토수기와를 눕히고 관을 설치, 호안에 토사방지 목주가 촘촘히 박혀 있고, 호안 석축은 횡으로 쌓고, 돌을 줄지어 깔고 기와를 이용한 입수시설과, 바닥에 강자갈돌을 깔았다.

연못의 수질은 중요시되는 부분이며, 안압지의 수질 정화는 인 농도의 제어가 가장 중요하고 황산반토를 이용한 조류제거는 가장 경제적이고 효능이 빠르다. 안압지 입·배수 시설 중 특이한 것은 입수 가장 마지막 단계의 2단의 폭포 입수로이며 물이 떨어지는 청각효과를 준다.

배수구는 부재에 수량을 조절하는 구멍을 뚫었던 것으로 본다. 연못 바닥에는 진흙을 다지고 점토와 자갈 등을 섞어 강회 다짐을 하여 방수처리를 한 다음, 모래를 깔고 까만 바닷가의 조약돌을 깔았다. 또한 나무틀을 만들어 수생식물을 심어 연꽃이 연못에 번지는 것을 막았다. 연못 기록에서 못을 파고 假山을 만들고 진귀한 새와 기이한 화초를 길렀다는 부분이 중요하며, 연못은 가산, 건물, 짐승, 화초 등 수목이 함께 검토되어야 한다. 연못의 식재복원은 문헌자료와 화분분석 결과, 중국·일본의 국외 자료를 참고해서 종류, 위치, 규모를 결정했다.

한국 고대 연못에서는 못 안에 섬을 조성한다. 고구려의 진주지에서도 보이고 백제 궁남지, 통일신라 안압지, 구황동 원지 등에서 섬을 조성했으며 이것은 공통적으로 도교의 신선사상을 표현한 봉래, 방장, 영주의 삼신산이다.

한국의 경우 고구려, 백제, 통일신라의 연못은 발달된 조성기법을 나타내며, 현대 수경시설 조성도 큰 영향을 받을 것으로 기대된다. 현재 한국 고대 연못 복원사업은 활발하게 진행되지 않고 있으나 앞으로 복원정비는 반드시 필요할 것으로 요청된다.

일본의 동원정원, 평성경좌경삼조이방육평 연못의 복원사례가 한국의 연못복원에 주는 시사점은 크다. 지형복원, 급·배수계획, 수질제어, 식재복원, 편익시설설치 등에서 복원지침이 될 수 있으며 이에 대한 더 많은 관심이 필요한 것이다.

박경자(전남대학교 연구교수)

대구 도시디자인

1. 대구 도시디자인 -전통조경의 계승 관점에서-

1) 머리말

지난 10년 대구의 도시디자인은 적지 않은 발전을 이루었다. 즉 세계육상선수권대회를 맞이하면서 2008년 시장직속의 도시디자인총괄본부가 설립되고, 포괄적 차원의 도시디자인, 즉 건축, 조경, 도시설계는 물론 공공 및 환경디자인을 아우르는 도시의 디자인이 공공정책의 하나로 추진되기에 이르렀다. 공공부문에서 개별 진행되던 각종 디자인관련시책이나 사업이 총괄적 운용 하에 들기 시작했으며, 민간부문 또한 간접적으로 그 영향을 받기 시작했다.

그러나 대구광역시와 산하 8개 구군의 관계, 포괄적 도시디자인 하의 각 전문부문의 관계 등에서 이해의 상충과 실천의 엇박자가 예상되었으며, 이에 전체를 아우르는 가이드라인을 구축하였다. 이 내용의 수립에 있어서 도시의 역사와 전통문화의 승계가 당연히 주요 화두의 하나로 부각되었다. 이에 이론적 근거를 마련하기에 이르렀으며 "전통" 자체가 중요하게 검토되었다.

2) 이론의 구축: 대구적 상황, 재해석

대구 도시디자인의 이론적 근거는 당연히 기존의 여러 도시디자인의 노하우와 방법론이 뒷받침하고 있다. 나아가서 도시디자인총괄본부는 특히 시대적 지역적 맞춤을 위해 지역의 여러 관련분야 전문가들의 난상토론을 통해 일종의 가치구현이라고 할 수 있는 "신도시미학"을 정립하였다.

〔붙임〕멋진 대구 만들기: 명품도시 대구를 위한 신도시미학 모색

 전제

대구 도시디자인의 큰 방향은 합리성과 이성에 바탕을 둔 살기 좋은 도시 만들기이다. 따라서 이러한 도시정책 하에 대구의 지역특성과 향토정신을 재검토하여 대구성을 회복하거나 혹은 재창조하여 미래지향적인 도시디자인의 새로운 바탕으로 삼고자 한다. 지금까지 발표된 여러 문헌자료에 근거하고 공론을 확인하며 토론회를 중심으로 새로운 논쟁을 유도하면서 이상적인 신도시미학을 지속적으로 구축할 것이다. 여기에서 말하는 신도시미학이란 우리 도시 대구의 아름다움, 즉 멋을 다루되, 그 시각적 표현형식 못지않게 공공윤리적 내용을 포함시키고자 한다.

해석

- 대구는 1601년 경상감영이 생기면서 영남의 행정중심도시로서 역할을 했다.
- 자연, 사상, 건축, 인물을 연결해서 지역특색을 되살리는 상징화의 도시, 의미화의 도시로 가야 한다.
- 역사와 문화중심도시로서 네트워크를 구축해야 한다.
- 역사적 근거가 없는 보수적 이미지를 탈피하여, 보편성과 대표성을 중심으로 관용과 융합의 퓨전이 있는 문화도시로 가야 한다.
- 매아문화를 극복하고 도전정신과 긍지를 되살려 인재와 전통과 역사의 도시, 즉 창조성과 개방성과 역동성의 도시로 나아가야 한다.
- 대구의 경쟁력은 인간성회복과 인문적 정신을 키우는 일에서 출발한다.
- 자기의식이 존중되어 대구의 원도심을 차별화하는 동시에 문화적 다양성이 보장되는 도시로 나아가야 한다.
- 도시시스템이 문화를 중시하여 보다 국제화가 되어야하고, 참여의 과정과 방법이 개선되어야 한다.
- 지역 정체성을 나타내는 역사적인 장소(경상감영, 달성토성, 골목길 등)와 인물(이상화 시인, 박경원 최초 여성 비행사, 김수환 추기경 등)을 되살려서 도시정체성회복의 일선으로 내세워야 한다.
- 시민의식도 새로운 패러다임의 가치관을 갖추기 위해서 노소구분이 없는 학습하는 사회로 나아가며, 보수적, 가부장적

계단형 사고에서 네트워크적 사고로 전환이 필요하다.

3) 대구의 모습

 의도

도시의 모습에서 기존의 좋은 것을 찾아 지키고, 되새겨서 개선하는 도시재생디자인 뿐만 아니라, 새로운 도시모습을 창조해 가는 방법으로 과연 미래의 대구 모습은 어떠해야 할 것인가? 또는 어떤 도시이미지로 만들어 갈 것인가를 논의해 보고자 한다.

 시사점

- 달성토성을 중심으로 역사적 골격과 기능요소의 재구성을 통해서 도시중심지의 역할을 해야 한다.
- 도시관문지역의 도시디자인이 필요하다.
- 대구를 원도심과 신도심과 지구중심으로 구분하여 집약적으로 개발하여 도시기능을 확립해야 한다.
- 각종 주제와 기능을 갖춘 골목, 인쇄골목, 가구골목 등은 도시질서를 갖춘 곳으로서 대구문화를 보여줄 수 있는 공간으로 관리, 발전시켜야 한다.
- 전통적인 콘텐츠를 현대화된 디자인으로 되살려 공공의 쾌적성을 확립해야 한다.

-중략-

4) 대구의 이미지

 의도

역사·문화를 지닌 대구인의 정신으로 본 미래의 도시이미지는 어떤 모습으로 나아가야하며,

 해석

시사점

- 역사적 재검토와 인증절차를 거쳐 대구의 정도원년을 정해야 한다. (경상감영 설치 1601년)
- 원도심을 Old town으로서 역사적 흔적과 그 전시공간을 포함하여 쇼핑, 식음료문화, 엔터테인먼트, 주제거리 등이 있는 특색과 경쟁력을 갖춘 공간으로 개발해야 한다.
- 대구의 역사가 500년이라면, 그중 400년은 경상도의 수도였다는 사실에 자부심을 가져야 한다.
- 대구읍성의 일부라도 복원하여 역사경관을 재현하고 이를 통해 대구정신을 표출해야 한다.
- 역사의 흔적이 남아있는 장소(팔공산, 달성공원, 영남대로, 제일모직, 대한방직, 서거정의 대구10경 등)에서 대구인의 삶과 정서에 대한 이야기를 정리하고 새로운 형식으로 표출되어야한다.

특히 "신대구10경"을 창조해야 한다.

- 새로운 도시미학을 만들고 찾기 위해서는 대구의 정체성에 대한 표준화와 가이드라인이 필요하며, 과거에 머물지 않는 다양성과 창의성이 있는 사고로 미래의 도시 모습을 창조해야 한다.
- 다양성과 창의성과 유연성이 존중되는 대구의 문화정신을 교육시키고 발전시켜야 한다.
- 선비정신의 구현을 통해서 대구의 정체성을 지킬 수 있으며, 이 정신과 세계적인 보편적 가치를 연계시켜야 한다.

5) 정리, 요약

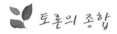 토론의 종합

아래에 토론회의 주요내용을 정책건의로 간주하여 정리, 요약하였다. 이를 대구도시디자인정책에 반영하기 위해서는 시간과 예산 그리고 무엇보다도 사회적 공감대 형성이 필요하다. 신도시미학을 토론하고 "대구"를 모색하려면 의도에 따라, 이 내용은 앞으로 중요하게 다루어져서 멋진 대구를 만드는 도시정책에 적용될 것이다.

대구의 정신

① 대구사람은 올곧은 기질을 지녔다. 약삭빠르지 않고 듬직하며, 신뢰를 주는 언행과 생각하는 바를 부단히 지향하는

노력이 돋보이는 모양새다. 그러한 대구의 정신으로 의협심, 정의감, 은근, 끈기를 들 수 있다. 전국최초로 사창제도를 시행하고 국채보상운동을 전개하였듯이, 이웃사랑과 나라사랑 정신이 남달랐다.

② 이제 역사적 근거가 없는 보수적 이미지를 탈피하여, 보편성과 대표성을 중심으로 본래의 모습인 개방과 관용과 융합의 정신을 되찾아야 한다. 세계적인 보편가치와 통하는 선비정신의 구현을 통해서 대구의 정체성을 지키고, 다양성과 창의성과 유연성이 존중되고 네트워크적 사고로 전환하여 대구의 문화정신으로서 교육시키고 발전시켜야 한다. 특히 매아문화를 극복하고 도전정신과 긍지를 되살려 인재와 전통과 역사의 도시, 즉 창조성과 개방성과 역동성의 도시 대구로 나아가야 한다.

③ 비록 이 시대에 대구정신을 특정하게 정해서 강요할 수 없고 다양한 가치를 인정해야 하지만, 의젓한 대구의 정신은 대구사람의 마음속에 도도히 이어져서 생활의 뿌리가 되고, 아울러 멋진 대구 만들기에서 중심가치가 되어 도시디자인으로 표출될 수 있어야 할 것이다.

도시발전방향

① 대구의 도시발전은 인간성을 회복하고 인문적 정신을 키우기에서 출발해야 한다. 즉 대구정신을 되살리는 가운데 경제키우기와 세계적인 인물만들기와 한마음되기를 실천해야 한다. 우리가 지닌 넓은 품의 대구라는 뜻에 맞게끔 여

성성이 보장되고, 다문화를 받아들이는 글로벌 개방도시로 가야 한다. 당연히 사회적 약자와 안전망을 배려하는 유니버설디자인이 보장되어야 한다.

② 이와 함께 자연, 사상, 건축, 인물을 연결해서 지역특색을 되살리는 상징화의 도시, 의미화의 도시로 가야 한다. 특히 "신대구10경"을 재창조하여 미래의 도시디자인 자산을 지금부터 준비하고 조성해야 한다.

④ 대구의 정서적 중심으로서 달성토성을 복원하여 원도심의 역사적 골격과 기능요소를 재구성하는 단초가 되어야 한다. 아울러 대구읍성을 새로운 디자인기법으로 복원하여 대구정신을 표출하는 대구역사경관을 재현해야 한다. 지역 정체성을 나타내는 역사적인 장소와 인물을 되살려서 도심 회복의 일선으로 내세워야한다. 원도심을 역사적 흔적과 전시공간을 갖추고 쇼핑, 식음료문화, 엔터테인먼트, 주제 거리 등이 있는 특색과 경쟁력을 갖춘 도시공간으로 재생해야 한다. 또한 여러 주제와 기능을 지닌 골목을 대구문화를 보여줄 수 있는 다채로운 공간으로 조성, 관리, 발전시켜야 한다.

도시경관

① 대구도시경관계획에 기초하여, 자연과 시민이 중심이 되는 도시풍경을 계획적으로 연출하고 지속적으로 유지, 관리해야 한다. 대구도시경관은 대구의 정신과 가치관을 가시적으로 보여줄 수 있어야 하며, 대구다운 스카이라인의 형성

을 유도해야 한다. 도시의 중심성을 상징적으로 되살리고, 관문과 경계를 인식할 수 있는 형태를 이루어가야 한다.

대구이미지

① 역사적 재검토와 인증절차를 거쳐 경상감영 설치 1601년을 대구 정도의 원년으로 정해야 한다. 이에 따라 시간적 중심 위치를 갖출 수 있어야 한다. 이는 복원되는 달성토성과 더불어 시민의 마음의 고향으로서 모든 것이 시작되는 좌표가 되어야한다. 상징적 의미로서 컬러풀대구 슬로건은 의의가 크며, 메디시티 등 여러 브랜드와 슬로건은 그 위계를 설정해서 조직적으로 활용되어야 한다. 진정성을 갖춘 대구의 이미지가 연출될 수 있어야 한다.

② 전통적인 콘텐츠를 현대화된 디자인으로 되살려 도시경쟁력과 쾌적성을 재확립해야 한다. 대구의 자연과 문화적 가치를 교육가치로 승화시키고, 적극적 방법을 동원해서 홍보해야 한다. 일선 교육기관은 물론 여권발급 또는 예비군 교육과정에서도 대구에 관한 교육과 홍보를 해야 한다. 더하여 생각을 바꾸는 작은 아이디어나 창의적인 생각을 많이 할 수 있는 전문가와 공무원을 위한 도시디자인교육이 되어야 한다. 이에 언론 또한 대구의 긍정적인 면을 부각시켜 도시발전에 적극 참여해야 한다.

④ 우리 도시역사와 전통을 긍정적으로 품으며 미래지향적인 디자인을 추구할 수 있어야 하며, 이를 위해 사회적 공감대를 이루어 도시디자인행정이 조속히 추진되어야 한다. 대

구도시디자인은 현실문제나 관련법문제를 초월하여 총괄적으로 보다 큰 가치를 가지고 토지이용의 전체측면에서 도시공간구조를 재구성하고, 이를 프레젠테이션하고 시민에게 보여줄 수 있어야 한다. 도시이미지의 조성과 관리차원에서 도시디자인총괄본부에서 실질적인 디자인을 사전 점검하고 유도할 수 있어야 한다. 따라서 도시디자인행정은 전략적 리더십을 가지고 지속적으로 추진되어야 한다.

 대구 도시디자인 방향

대구도시디자인의 비전은 "멋진 대구"로 설정하고자한다.

멋지다는 뜻은 매사에 격조를 지니고 내용과 형식이 긴밀하고 특히 정신적 가치를 존중하여 자존적이며 합리와 이성을 사랑하는 품위에서 나오는 표현이다. 이는 결코 비굴하게 타협적이거나 겉치레에 빠지는 허상이 아니다. 시민이 건강하고 사회가 건강할 때 지역의 특성과 장소성에 걸맞게 표출되는 도시의 정서라 할 수 있다.

도시디자인 원칙과 아이디어

앞에서 제안된 내용을 일부 도시디자인의 원칙으로 정리하였다. 이것은 구체적이고 전문적인 표현으로 이루어지나, 그 기본은 멋진 대구, 품격을 갖춘 도시를 만들기 위한 수단적 기법이라 할 수 있다.

① 원칙

• 신도시미학 구축 : New Urban Aesthetics 질박미, 여백미, 파격미
• 대구건축의 창작 : "Daeguness" 대구의 땅과 건축의 결합, 정론성
• 공공디자인으로서의 도시건축 정착 : Public Design 본질, 공생
• 콘텐츠디자인 : Contents making 이야기의 건축화, 추억 만들기
• 배경주의 : Negativism 도시적 소통과 도시건축의 공존 조건

② 아이디어

• 도시 제스처 Urban Gesture
• 건축의 공공적 면모 Public Face of Architecture
• 도시·경관차원의 스케일감 Urban Scale
• 작은 조직구성과 분절 Fabric Segment
• 수평적 녹지 켜 Horizontal Green Layer
• 색채 집중과 전개 Color of Spectrum
• 시간축적의 도시적 전개 Urban Accumulation
• 인문학적 상상력과 문화지층의 형성 Humanistic Strata
• 생태미 구현 Eco-aesthetics
• 이야기와 도시조각의 터전을 엮기 Contents and Patch

다만 도시디자인의 원칙과 아이디어 정립에 있어서 역사와 전

통의 구체적 적용에 아쉬움이 있다. 다만 질박미, 여백미, 파격미, 시간축적, 문화지층 등의 용어적용을 통해서 역사성의 보전과 전통의 적용을 추구하였다고 본다.

이상의 시책 정립에 따라 역사전통의 도시디자인적 대처기법은 아래와 같다고 본다. 이는 전통의 창조적 계승을 위해 대구시 도시디자인에 적용된 기법이라고 할 수 있다. 다만 그 각각의 기법에 관해서 공감대는 형성되었으나, 실재 프로젝트 차원에서는 담당전문가의 주도에 따라 그 변용의 범위가 컸다고 판단한다. 특히 문화재전문분야와 공공조형물전문분야, 건축 또는 조경분야와 공공디자인분야 등의 이해는 절실한 사안이라고 본다.

- 복원
- 모방: 과거로부터 따옴, 복원 아류, 혹은 부분모방
- 응용: 구조 혹은 원리 응용, 혹은 외형 혹은 디테일 응용
- 재해석을 통한 상징재현, 상징조형, 일시적 연출이벤트

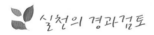

실천의 경과검토

2008년 도시디자인본부가 생기기 전 이전사례에는 경상감영공원, 국채보상운동기념공원, 228공원, 영남제일관, 두산폭포쉘터 등이 있다. 실천사례로서 도심조형물, 국채보상운동기념관, 동성로 성돌포장, 환기구, 두류공원관광센터광장, 앞산전망대,

♣ 약전골목 내 전통적 불이문형태의 모방

버스도색, 삼각네거리테마공원, 동대구역광장, 공공디자인 등 이 있다. 이후 순종황제 상징조형물 등 계속되는 실정이다.

♣ 경상감영공원의 정자와 교량: 형태모방과 재현중복

♣ 동성로 성돌포장: 대구읍성의 기초부분을 상징적 재현 ♣ 이상화고택의 복원(?)과 대구읍성 부분도 상징바닥

♣ 두류공원의 타임폴: 전통열주의 응용과 관광정보센터 지붕: 전통형태의 현대화

♣ 삼각네거리테마공원: 전통놀이모양의 상징조형물

♣ 타워형태양열발전시스템: 전통색채와 대구
　브랜드색채의 조합

♣ 앞산전망대의 미래로 향한 문: 전통게이트의 상징화

♣ 경대교: 전통색채와 대구브랜드색채의 조합

♣ 중앙로 안내폴: 전통색채와 대구브랜드색
  채의 조합

♣ 버스후면상부 색채밴드: 전통색채와 대구브랜드색채의 조합

♣ 2017년 달성공원 진입로에 조성된 순종황제어가길 상징조형물: 일제 미화 논란

♣ 두산오거리폭포의 퍼골라: 전통형태의 응용

전체적으로 보아, 전통의 응용이 대다수로 인정되나, 일부 복원 또는 모방의 경우 그 원형의 시비는 물론 가치의 재검토를 유발한다. 특히 원형을 고수하는 것에는 당대의 형태나 재료뿐만 아니라 입지장소도 해당된다. 상징조형물은 가능한 한 "겸손한 태도"가 필요하다고 판단한다. 이에 모방이 제일 어려운 문제이다. 따라서 너무 모방을 남용하는 것은 바람직하지 못하며, 모방을 재현으로 유도하는 것이 타당하다고 본다.

6) 맺는말

지난 10여년 대구에서 공공정책으로서 도시디자인을 시행함에 있어서, 도시디자인총괄본부를 중심으로 이론과 실천의 단계에서, 대구의 정체성이 구현되는 도시디자인의 기조로서 대구의 역사와 전통에 기반을 두는 원리를 찾고자 하였다. 신도시미학은 이러한 원리 모색에 조금이나마 응해줄 수 있는 도시철학을 담고 있다고 본다. 이 미철학은 곧 대구도시디자인의 중심사상으로 여러 시책을 풀어내는 데 역할을 하였다.

크게 보아 영남권의 중심을 회복하려는 입장이나, 대구의 정체성이나 자주적 정신을 되살리려는 사회적 분위기는 결국 국채보상운동 등을 부각하면서 근대역사에 치중한 느낌을 받는다. 이는 일부에서는 일제강점기의 도시이미지를 재현하는 결과를 낳았다. 그에 비하여 조경이 주도하는 도시공원의 디자인에 있어서도 정자 등 전통요소의 단순도입 수준에 머무는 경우가 많았다. 이에 전통의 계승을 어느 범위까지 볼 것인가 하는 문제가 남는다.

　결과적으로 실무차원에서 전통의 창의적 계승노력은 다소 미미하였다고 본다, 대개 단순한 과거의 것을 모방하는 수준이다. 돌이켜 보면, 도시디자인정책 실천에 있어서 전통의 현대화문제는 큰 이슈로 주목을 받지 못하였다고 판단한다. 그럼에도 불구하고 일부 전문가 혹은 프로젝트에 따라서 전통의 응용 혹은 재현이 이어지는 실정이다. 이 중에는 창의적인 디자인이 포함되고 있으니, 이는 바람직한 실천이라고 판단한다. 보다 더 권장하고 보급해야 할 사안이다.

[부록]

■ 대구 도시디자인의 현주소

 근.현대화과정에서 전통가치 훼손

• 대구는 영남의 선비정신과 기질을 바탕으로 격조가 있고 훈훈한 정서가 깃든 도시의 모양새를 잘 지녀왔으나 근대화과정에서 전통적 도시의 틀이 훼손되었고 전통가치마저 미미해졌음.

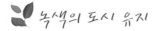 녹색의 도시 유지

• 도시의 형태가 명확하고 신천과 더불어 도시의 녹지가 무성하며 담장허물기사업, 중심가로개선 등에 따라 도시의 경관이 부분적으로 보다 명쾌하여 가히 숲의 도시라 할 만함.

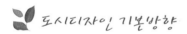 지나친 상업주의 만연

• 근래 지나친 상업주의 탓에 다양한 요소들이 경쟁적으로 혼재하고 시각적 무질서가 팽배하여, 서정미는 물론 대구 본연의 정체성을 상실한 도시경관이 많아 결국 대구다운 모습을 찾기 어려운 실정임.

■ 전담부서 신설 및 민간전문가 발탁

■ 도시디자인 향후 추진계획

도시디자인 기본방향

① 창조도시 구현
• 경제활동에서 뿐만 아니라 일상생활에서도 인간의 존엄성이 되살아나서 상상력과 창의성이 풍부해지고 가치생산에 있어서 창조적 활동이 왕성해지는 토양을 제공하는 터전으로서 격조가 있는 아름다운 도시

- 이를 위해 시민과 더불어 각계 전문가와 행정이 협동하여 미래지향적인 대구의 도시디자인의 청사진을 궁리하고, 이에 따라 도시경관계획은 물론 디자인가이드라인 등을 구축하여 도시경관과 도시색채, 도시공공디자인의 질을 향상시키고자 함.

② 일상성과 공공성, 쾌적성과 지속가능성 추구
- 일상적인 생활환경디자인에 있어서 낭비와 사치를 버리고 보다 효율성과 지속가능성을 추구하여 명료한 도시를 추구
- 디자인의 윤리적 측면을 강화하여 이웃관계가 살아나고 아울러 기본이 바로 되는 도시를 구현
- 토지이용계획과 도시디자인을 연계하여 주거지는 주거지답고 상업지는 보다 상업지다운 정주도시환경을 조성
- 도시의 자연환경을 더욱 강화하고 문화예술의 기회를 보다 풍부하게 제공하여 자연과 문화가 어우러지는 도시를 창조
- 독특한 이벤트디자인과 더불어 역동적인 기회를 제공하여 신나고 활기찬 도시를 마련
- 2011년을 대비하여 시범적인 도시디자인사업을 통해서 대구도시디자인의 모범적인 원형을 제시
- 대구의 정체성과 심미성이 가장 잘 구현될 수 있도록 여러 디자인의 고품격을 도모
- 이러한 도시디자인의 기본방향은 보다 살기 좋은 도시로 거듭나기 위한 노력일 뿐만 아니라 대구의 도시브랜드를 강화시키고 도시이미지를 재창조하는 작업과 직결됨.

 추진계획

① 경관조례와 도시디자인마스터플랜 구축

② 일상적 도시디자인의 수준 향상
- 도시의 건축물, 가로, 공원녹지, 가로시설물, 토목구조물 등에서 그 형태와 색채의 디자인 수준을 향상시키는 일로서,
- 공격적이고 무례한 디자인을 보다 친밀하게 순화시키는 디자인
- 약해지고 사라져가는 디자인을 되살려서 새로이 강화시키는 디자인
- 버려진 디자인을 찾아서 보다 아름답게 미화시키는 디자인
- 특히 도시의 간판정비와 디자인개선사업은 매우 중요한 일임.

③ 특정디자인사업 추진
- 시민들에게 절실하고 대구시가 우선적으로 갖추어야 할 주요한 프로젝트를 계속 파악해서 그 실천적 디자인 전략을 짜고 있음.
- 경상감영의 제 품격 찾기와 같은 특정구역의 재생적 디자인
- 동성로나 봉산문화거리 등 특정한 가로중심의 활성화 디자인
- 신천개발과 같은 종합적인 녹지와 문화환경의 디자인
- 도시의 관문으로 동대구역 일대의 재구성 디자인
- 대구의 중심으로서 시청사 주변의 도시공간디자인

⇒ 도시디자인의 성공적인 정착을 위해서 대구 도시디자인 행정만으로는 부족하며, 지역사회구성원 전체의 참여가 필수적임. 따라서 우리 공동의 터전을 위해서 공공의식을 재무장하여 시민이 주인의식을 가지고 대구를 보다 아름답고 쾌적하며 품격이 있는 도시로 가꾸는 일에 앞장서 주시길 부탁드림.

④ 대구만의 정체성(역사성-현재-미래를 관통하는), 다른 도시와 차별화할 수 있는 멋과 색깔: 한국의 보수, 지킴과 유유자적의 선비정신, 이성적 미학/ 불의에 타협하지 않는/ 거친 듯하면서도/ 투박한 듯 하면서도 섬세한/ 까다로운 듯 하면서도 인정 넘치는/ 영남문화의 중심으로서 꿋꿋한 지조와 멋진 격조를 지닌 선비정신/ 전통과 미래 공존/ 현대적 표출/ 우리나라 근대역사정신의 중심지 하나/ 남도 알아주는 우리 도시

김영대(영남대학교 조경학과 명예교수)

부산의 현대 도시공원

1. 현대 도시공원을 생각하며

도시공원의 현대적인 정체성을 정의하는 일은 쉬운 일이 아니다. 이러한 정체성을 이해하기위해서는 우선 도시공원이 시대별로 어떻게 진화해 왔는지를 살펴봐야 한다.

첫 번째로, 19세기 후반에서 20세기 초반까지 산업혁명에 의한 도시의 폭발적인 확장과 함께 한 도시공원 조성의 시기를 [도시공원개념의 태동기]라 할 수 있다. 이 시기 공원개념은 주로 위생과 여가를 위한 곳으로서 공원의 기능과 더불어 런던의 하이드파크, 뉴욕의 센트럴파크처럼 큰 자연공원을 조성하여 도시의 허파로서의 기능을 제공하는 도시녹지 및 오픈스페이스 역할을 하였다.

두 번째로, 20세기 중반부터 도시공원을 도시의 인프라로 보기 시작한 이 시기를 [도시공원의 확장기]라고 볼 수 있다. 즉, 공원과 녹지를 연결하는 그린웨이사업이나 대형 산업부지에 조성한 중앙공원들은 도시의 골격을 이루는 주요한 그린인프라가 되었다. 도시공원이 도시계획법의 영향으로 모든 지자체의 주요 도시시설로서 결정되어 도시의 녹지를 확장하는데 기여 하였으며, 이렇게 다양하게 조성된 도시공원은 그 지역의 문화와 결합되면서 다양한 형태의 도시경관을 창출하게 되었다.

세 번째로, 20세기 후반의 도시공원은 [도시문화 창출의 플렛폼]으로서 자리매김한 시기라 할 수 있다. 이 시기의 도시공원들은 다양한 사회문제들을 해결하는 하나의 플렛폼으로서 인식되어져 새로운 형태의 공원으로 조성되어졌다. 특히 파리의 라빌레트 공원은 도시의 산업유산을 도시공원으로 재생하여 낙후된 지역을 활성화시키는 플렛폼으로 활용하였는데, 이 공원은 시민들의 일자리, 건강, 교육, 커뮤니티 활동이 행해지는 장소로 사용되었고, 공원운영에 있어서도 파리시청과 시민들이 협치를 하고 있다.

네 번째로, 21세기에 들어와서 도시공원은 지자체와 사람들 간의 소통과 교류를 통해 [사회자본을 만들어내는 공원]의 시기라고 할 수 있다. 즉, 공동체(시민)에 대한 다양한 교육이 이루어지고 커뮤니티 참여가 이루어지는 공간으로 진화하고 있다. 특히, 160주년을 맞는 뉴욕의 센트럴파크는 이러한 도시공원의 진화과정을 잘 보여 준다. 이 공원이 19세기 중반 조성될 당시, 뉴욕이 산업도시로 급속 팽창할 때 발생한 환경오염과 도심의 혼잡에서 벗어나 자연 속에서 치유를 받고 도덕적 삶의 방식을 제공하는 오픈스페이스였다면, 이후 20세기 초반에 이르러서는 어린이 놀이터, 테니스장, 야구장 등을 설치하여 레크리에이션 공간으로 진화했으며, 또한 20세기 후반에는 환경운동을 이끄는 다양한 사회행사를 개최하는 장소로서 그리고 공공예술의 무대이자 도심의 녹색관광자원으로서 활용되고 있다.

그러나 부산의 경우, 6.25사변 때 집중된 피난민들의 거주를 위한 도시난개발로 인한 도심을 정비하는 과정에서 도시공원을 조성하기란 쉽지 않았다. 일제 강점기에 일본신사로 조성된 용두산공원과 UN참전용사묘지공원이 정비되었으며, 대부분 도시외곽의 해수욕장과 동래 온천장 주변의 녹지와 어린이대공원 등이 조성되었다. 앞서 언급한 20세기 중반의 [도시문화 창출의 플렛폼]으로서의 공원(즉, 현대공원의 사회적 역할을 보여주는 공원)은, 21세기를 넘어선 2014년에 조성된 부산시민공원과 송상현광장이다.

2. 부산시민공원 (http://www.citizenpark.or.kr)

1) 시민공원의 위치와 개요

- 부산시민공원(釜山市民公園, 영어: Busan Citizens Park)은 대한민국 부산광역시 부산진구 범전동, 연지동 일원에 있는 공원이다. 면적은 528,278㎡이며, 기억, 문화, 즐거움, 자연, 참여의 5가지 테마로 구성되어 있다.
- 1910년 한일합방 이후 일제강점기 당시 토지조사사업이라는 명분으로 일제에 경마장 부지로 빼앗기고 독립 이후에는 UN기구, 주한미군 부산사령부, 하야리야 미군기지로 사용되면서 무려 100년 동안 타국 부지로 이용되었다.
- 2010년 1월 27일 캠프 하야리아의 부지를 정식으로 반환받았다. 반환받을 당시 미군들이 폐유를 무단방출하거나 토양

을 오염시킨 부지가 많아 처리하는데 어려움이 있었다. 이러한 문제들을 해결하고 드디어 2011년 8월에 착공, 2014년 5월 1일 개원하였다.

2) 국제설계공모 과정

- 부산시는 2006년 7월 '부산시민공원 기본구상안 수행계획 국제공모(RFP방식, Request for Proposal)'를 통해 미국 Field Operations사 James Corner를 하야리아 미군기지 이전부지에 들어설 부산시민공원 조성 기본구상(안)의 작성자로 선정하고, 그동안 시민과 관계전문가의 의견수렴과정을 거쳐 2006년 3월 9일 최종보고회를 열었다.
- 제임스코너가 제안한 부산시민공원 기본구상안을 살펴보면 한국적인 지형과 부산의 역동성을 고려한 물결무늬를 밑바탕으로 흐름과 쌓임의 비옥한 충적지를 뜻하는 '얼루비움(ALLUVIUM)-비옥한 새 기운이 흐르고 쌓이는 21세기 부산의 새로운 도시공원'을 주제로 기억(memory), 문화(culture), 즐거움(pleasure), 자연(nature), 참여(participation)의 5가지의 활동주제와 흐름(flow), 쌓임(accumulation), 연결(connectivity)이라는 3대 공간주제를 제시하고 있다.

설계 : 제임스 코너, 차태욱(총괄), 정재윤(진행)
사업예산: 800,000달러
계획기간: 2006년~2008년 · 조성기간: 2008년~2010년

발주: 부산광역시 선진부산개발본부 시민공원조성팀(본부장 이영환)

공동설계: ㈜유신코퍼레이션

- 그러나 이러한 국제공모 방식으로 제안된 설계안은 몇가지 한계를 보여주었다. 첫째, 설계자인 제임스코너가 설계구상을 위하야 부산에 방문하였을 당시 이 하야리야 부대가 미군의 군사시설로서 들어가 보지 못했다는 점이다. 그의 설계가 아름다웠지만 이 땅의 아픈 역사를 담지 못한 점이 문제점으로 지적되었다. 둘째, 100년만에 되돌려 받은 이 땅의 역사들을 남기기 위한 부산시민의 열망을 부산시가 간과했다는 점이다. 이 후 부산시민연대와 전문가그룹, 지자체가 협력하여 이 땅의 흔적과 기억을 남기기 위한 라운드테이블을 결성하고, 설계의 큰 줄기를 훼손하지 않고 최대한으로 미군시설과 그 역사를 공원시설과 프로그램으로 활용할 것을 결정하여 설계변경을 주도하였다.

- 2014년 부산시는 부산시민공원 운영에 관련하여 시 조례를 제정하고 또한 전문적인 공원시설관리와 운영은 부산시설관리공단으로 넘겨 자율적으로 공원 관리운영예산을 편성하고 시설공단은 주로 시설관리에 집중하고, 한편으로 다양한 공원운영에 시민이 참여하도록 하여 다양한 시민단체와 부산그린트러스트가 협력하여 공원운영에 개입하고 있다.

- 이러한 다양한 공원문화 활동으로 그동안 녹지면적 확보에 주된 역할을 하던 부산의 근린공원들을 어떻게 활성화 할 수 있는지를 알려주는 역할을 하고 있어 부산의 현대적인 공원

이라 할 수 있다.

3) 공원설계의 개념

하천의 흐름에 의해 토양이 쌓여 형성된 퇴적층.
범람원 또는 삼각주라고도 함. 이러한 토양층은 일반적으로 매우 비옥하여 새로운 생명체가 번성할 수 있게 함.
Alluvium is new earch deposited by flowing water, as in as riverbed, flood plain or delta.
The new substrate is typically very fertile, rich and supportive of new life

얼루비움은
부산의 심장부를 대표하는 새로운 공공 경관
치유와 침적 그리고 새로운 가능성의 축적의 장
활기찬 도시생활, 커뮤니티의 형성, 관광과 이벤트의 장
삶의 기운이 흐르고 쌓이는 조형적인 대지예술 ; 시민, 활동, 강우, 식생,
야생동물의 흐름을 이끌어주는 공원
역동적인 변화의 장 : 계절, 색감, 이용, 이벤트
탄력적인 이용과 무한한 가능성을 풀어주는 관능적인 곡선형의 공간
세계에서 유례를 찾아볼 수 없는 새로운 형태의 최첨단 공원
모든 이를 편안하게 끌어들이고 사람과 사람을 가깝게 해 주는 공원

ALLUVIUM is a new public landscape in the heart of busan
a place of healing, deposition and accumulation of new potentials
a platform for vibrant public life, community, tourism and large-scale
eventful in busan
a sculpted earthwork of flows and movement
a place of dynamic change
a sensuous, curvilinear openspace, accommodating flexible use
and multiple sets of possibility
new, contemporary and unlike any other park in the world
invites you in, invites interaction and promotes connectedness

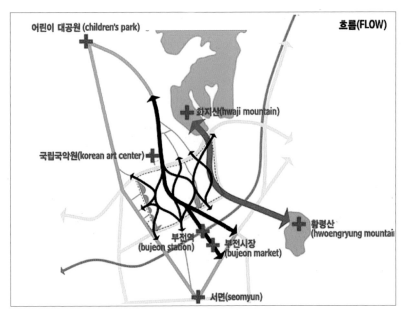

♣ 공원의 공간주제

♣ 공원의 기본구상 평면도

3. 글 맺으며

앞서 우리가 살펴본 부산의 현대공원의 특징에서 21세기의 도시공원의 모습을 살펴볼 수 있다. 즉, 공원은 시민생활, 건강과 교육, 커뮤니티 활동, 생태와 순환시스템, 예술과 기술 등 다양한 요소와 기능을 갖추어야 한다는 사실이다. 그리고 이러한 도시공원은 사회문제를 해결하고 새로운 가치를 이루어내는 장소로서 이전 보다 훨씬 다양한 역할을 수행하여야 하며, 이렇게 현대화된 공원을 통해 개인은 자유와 민주주의를 경험하며, 다양한 활동을 통해 자신을 개발하고 삶의 의미를 발견하는 장소가 되어야 한다.

사실, 부산의 공원들은 아직도 도시계획의 획일적인 공원계획으로 조성된 공원이 대부분이다. 그리고 20세기 중후반에 일어난 공원의 문화창조플랫폼의 역할을 감당하는 공원이 최근에 조성되고 운영되고 있는 실정이다. 그럼에도 불구하고 부산의 낙후된 도시를 재생하는 프로젝트는 우리나라에서 모범으로 뽑힐 만큼 성공한 사례 (감천문화마을, 산복도로 르네상스)들이 있으며 현재도 다양하게 진행되고 있다. 이는 낙후된 공원을 가지고 있는 부산의 경우 매우 고무적인 상황으로서 [사회자본을 창출해낼 수 있는 공원]을 위한 도시재생을 시도할 수 있는 좋은 기회라고 생각한다.

현대 조경작품에 나타난
프랑스 전통정원의 재해석

1. 서론

　현대 정원설계에 나타나는 전통 정원에 대한 재해석은 전통 정원의 '재현'에 대해 어떠한 태도를 가지고 있느냐를 기준으로 크게 두 가지 방식으로 구분해볼 수 있다. 여기서 '재현'이라는 것은 표현, 모방 등 유사 의미가 많지만 여기서는 재현물을 디자이너가 의미전달을 위해 만들어낸 텍스트, 오브제, 이미지 등 모든 것을 다 포함하는 것으로 규정한다. 재현은 표현하고자 하는 대상과의 유사성 정도에 따라 직설적 재현과 추상적 재현으로 구분할 수 있다. 직설적 재현이 대상의 이미지를 정확하고 사실적으로 전달하는 방식이라면, 추상적 재현은 대상의 이미지를 변형하거나 사물의 내용 및 특성을 추출하여 재현하는 방식이다.

　직설적 재현은 대상을 사실적으로 묘사함으로써, 대상에 대한 보편적인 앎을 제공하는 것을 주목적으로 한다. 물리적인 실재 세계를 재현의 대상으로 한다. 그리고 작가의 주관적인 해석에 따라 대상을 묘사하는 것이 아니라, 사물에 대해 정확하게 묘사하는 것이 주목적이기 때문에 작가의 정서와는 무관하다. 반면에, 추상적 재현은 작가의 정서에 의해 선택된다. 재현의 대상을 작가 자신의 창조적 목적에 맞추어 옮기고 변형함으로써 재창조할 수 있다. 사실적 묘사가 아니기 때문에 작품을 감상하는 사람에 따라 다양한 감정과 해석을 불러일으킬 수 있다. 직설적 재현이 대상과 재현물간의 유사성에 있다면, 추상적 재현은 유사하다기 보다는 대상을 은유적으로 지시한다.(김은진, 1998)

정원에서는 특정한 정원요소, 정원구성원리 등이 재현의 대상이 될 수 있다. 이 대상을 디자이너는 여러 설계요소를 가지고 직설적으로 혹은 추상적으로 재현하게 된다. 따라서 먼저 재현의 대상이 되는 프랑스 정원의 특성을 알아보고, 1920-30년대의 프랑스 모더니즘 정원에서 나타난 프랑스 전통정원의 재해석 측면을 살펴본다. 또한 이후 유럽의 현대 조경가들이 직설적 재현과 추상적 재현 사이의 스펙트럼에서 어떠한 방식으로 프랑스 전통정원의 형식을 계승하고 있는지 알아보고자 한다.

♣ 파르테르(Parterre)

2. 프랑스 정원의 특성

프랑스 전통정원의 재현에 대해서 이야기하려면 우선 프랑스 전통정원의 구성요소와 구성원리에 대해서 정리할 필요가 있다.

첫째, 프랑스 전통정원만의 특징이라고 할 수 있는 구성요소에는 파르테르(Parterre, 자수화단, 장식화단), '하-하'기법, 알레(Allee), 거위 발 형태의 방사형 길, 울타리, 입체적인 수직요소로의 총림, 평탄한 수경시설 등이 있다.

둘째, 구성원리는 평면기하학적인 구성원리라고 정의할 수 있다. 이는 단순히 기하학적인 도형을 패턴으로서 활용했다는 것이 아니라, 땅의 레벨을 결정하거나 사용자의 경험을 설계하는데 있어서 원근법, 수력학, 토목학, 측량학 등 과학기술을 활용해 수학적 계산을 거치는 방식을 의미한다. 르 노트르가 설계한 보르비꽁트는 최초의 평면기하학식 정원으로 알려져 있다. 강한 축을 형성하는 알레(Allee)와 공간을 경계짓는 총림(Bosquet)

♣ 총림(Bosquet)

♣ 수경요소

♣ Allee

♣ 보르비꽁트(Vaux-le-Vicomte)

이 비스타를 형성하고 건물 앞으로는 화려한 파르테르(Parterre)
가 펼쳐져 있다. 강한 축과 대칭으로만 구성되어 있어 보이는
보르비꽁트에는 경관을 만드는 다양한 기법들이 적용되었다.
르 노트르는 수평선을 확장시키고 건물을 나왔을 때 보여지는
잔디와 물의 형태의 시각적 착시를 만들어 내기 위해서 수학
적 계산을 통해서 치밀하게 땅의 레벨을 조정하였다. (Clemens

♣ 베르사유(Versailles)

Steenbergen, Wouter Reh, 1996) 데잘리에 다르장빌은 1709년 집필한 "정원술의 이론과 실천"에서 르 노트르의 정원에 평면기하학적 원리가 숨겨져 있음을 밝히고 있다. 또한 기하학적 정원은 엄격한 정형성과 대칭성이어야 한다는 고정관념을 버리고 각 정원의 공간을 다양하게 구성하여 정원을 즐겁게 조성해야 한다고 주장한다.

3. 프랑스의 모더니즘 정원과 전통의 계승

1920년대와 1930년대에는 파리를 중심으로 프랑스의 모더니즘 정원들이 발달했던 시기이다. 이 당시의 프랑스 모더니즘 정원들은 큐비즘의 영향을 많이 받으면서 단순화된 기하학적인 형태와 패턴, 그리고 비대칭적 구조 등의 독특한 형태로 발전했다.(이상민, 1999) 1925년 가브리엘 구브르키안이 설계한 빛과 물의 정원은 삼각형 형태의 수경시설과 화단들이 각기 다른 각도로 배열되어 공간구성이 입체적인 것이 특징이다. 이러한 정원의 구성방식은 그의 다른 작품인 '노아이으 빌라 정원'에서도 나타난다. 삼각형 형태의 정원에는 기하학 패턴의 화단과 다양한 질감의 식재를 통해 회화작품과 같은 이미지를 만들어 낸다. 1924년 앙드레 베라와 폴 베라가 설계한 노아이으 호텔정원 역시 기하학적인 형태로 파편화된 큐비즘 회화작품처럼 보인다.

현대 미국 모더니즘 정원에 가장 많은 영향을 미친 작가로 평가

받는 르그랭 역시 큐비즘을 영향을 받았으나 르그랭은 평면적인 패턴에서 벗어나 그 패턴들이 공간 속에서 3차원적인 부피로 표현될 수 있도록 노력한 점에서 그 이전 모더니즘 정원 작가와 다르다. 르그랭의 공간들은 정원이 한눈에 들어오지 않게 입체적으로 구성되어 총림과 알레로 구성되는 프랑스 전통정원과 유사한 공간감을 제공한다.

♣ 구브르키안의 빛과 물의 정원

♣ 구브르키안의 노아이으 빌라 정원

1920~30년대 프랑스 모더니즘 정원은 직사각형 위주의 정형적인 구성에서 벗어나 원, 삼각형 등 다양한 기하학적 형태들을 도입하고, 이를 표현하는 소재를 조각상, 수경시설, 파르테르, 총림이 아닌 유리, 거울, 타일, 콘크리트 등 신소재를 택했다는 점에서는 기존의 프랑스 전통정원과는 다르게 프랑스식 정원의 계보를 이었다고 볼 수 있다.

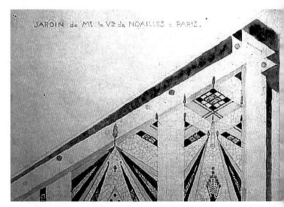

♣ 베라 형제의 노아이으 호텔 정원 평면도

하지만 사용자의 경험을 제어하는 방식에 대한 고민보다는 정원의 형태적 변형에만 집중했다는 점은 한계라고 할 수 있다.

♣ 베라 형제의 노아이으 호텔 정원

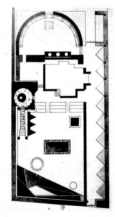

♣ 따샤르(Tachard)정원
평면도

♣ 따샤르 정원

4. 현대작가들의 작품과 프랑스 전통정원의 계승

현재 유럽 조경가들의 작품에서도 프랑스 전통정원의 구성요소나 구성원리를 발견할 수 있다. 대표적으로 네덜란드 조경회사인 WEST8은 많은 프로젝트에서 파르테르 정원을 전략적으로 사용하고 있다. 파르테르가 정형적인 평면기하학적 공간 틀에 갇혀있지 않고 자유롭게 공간 속에서 구현되어 현대적 감각으로 전통의 맥을 잇고 있다.

WEST8 외에도 스페인 태생으로 정원을 구성할 때 기하학적인 도형, 물 그리고 빛의 세가지 요소를 중시한 페르난도 카룬초, 벨기에 태생으로 고전적인 토피어리 양식을 현대적인 디자인으로 재정립한 자크 워츠, 영국 태생으로 토피어리를 중심으로 물, 금속 재료를 현대적으로 정원에 도입한 톰 스튜어트 스미스, 프랑스 태생으로 기하학적 패턴, 토피어리 등 프랑스 전통정원의 요소를 현대적인 디자인으로 구현하는 알랭 프로보 등을 통해 모던한 프랑스 정원을 접할 수 있다.

이러한 현대작가들은 1920~30년대 모더니즘 작가에 비해 훨씬 자유로운 형태를 활용하고 있으나 한편으로는 파르테르, 수경시설, 토피어리와 같이 물리적 소재는 훨씬 더 전통적인 프랑스 정원의 특징을 재현하고 있다. 이 작품들 역시 구성원리보다는 구성요소에 초점을 맞추고 있다는 점에서 프랑스 전통정원을 다층적으로 재해석했는지에 대해서는 여전히 의문이 든다.

이런 가운데 좀 더 주목해 볼 만한 조경가 중에 프랑스 태생의

♣ Toledo Bridge Garden의 자수화단

♣ WEST8이 설계한 Toledo Bridge Garden

♣ 카룬초가 설계한 Mas de Les Voltes

루이 비네쉬가 있다. 비네쉬는 1990년대에 17세기 튈르리 정원
을 재조성하는 프로젝트를 통해 대중들에게 알려졌다. 이 당시

♣ 자크 위츠의 정원

♣ 톰 스튜어트 스미스가 설계한 옥스퍼드셔의 정원   ♣ 알랭 프로보가 설계한 탬즈 배리어 파크

비네쉬는 철저한 고증을 통해 튈르리 정원 본연의 형태를 최대한 유지하는 동시에 현대 도시에서 요구하는 프로그램들을 수용할 수 있는 방향으로 설계를 진행하였다. 재조성된 튈르리 정

♣ 17세기 튈르리 정원의 모습

원에는 총림, 알레, 파르테르, 수경시설 등 전통적인 프랑스 평면기하학식 정원의 구성요소들이 그대로 나타난다.

 루이 비네쉬는 이후 2011년에 베르사유 내 폭풍으로 인해 훼손된 '물의 극장이 있는 숲'정원의 재조성 공모전에도 당선된다. 베르사유의 전통적 형태를 따라 기하학적일 것이라는 예상과는 달리 비네쉬가 제안한 플랜과 분수의 형태는 굉장히 자유로운 곡선이 대부분이다. 이에 대해 비네쉬는 프랑스 정원과 르 노트르의 정원은 반드시 기하학적인 것은 아니고, 프랑스 정원의 본질적 특징은 '제어'에 있다고 말한다. 그는 루이 14세가 베르사유를 감상하는 방법을 적어놓은 지침서를 분석하여, 그 감상법

♣ 재조성된 튈르리 정원

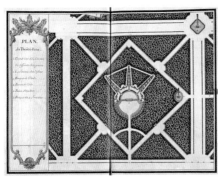
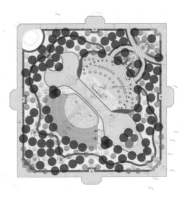

♣ 르 노트르가 설계한 '물의 극장이 있는 숲' 플랜   ♣ 비네쉬가 설계한 '물의 극장이 있는 숲' 플랜

에 가장 적합하게 공간을 제어하는 방식으로 '물의 극장이 있는 숲'을 조성했다.

비네쉬의 또 다른 작품인 수쉐 호텔 정원은 18세기 프랑스 건축가 에티엔느 루이 불레에의 건물(지금은 GDF 수에즈의 본사)의

♣ 루이 비네쉬에 의해서 재해석된 '물의 극장이 있는 숲'의 전경

♣ GDF 수에즈의 본사 정원

정원이다. 비네쉬는 불레에가 수쉐호텔을 설계할 당시의 유토피아를 구현하고자했던 공간 컨셉을 고증하고 정원에 이를 구현하고자 했다. 또한 비네쉬는 이 정원설계에서 르 노트르가 정원을 설계할 때 주로 사용하던 착시기법을 도입한다. 정원의 타원형 수반은 건물 내에서 바라볼 때 정확하게 원형으로 보이도록 조성되어졌다.

르네상스 시대의 성곽들로 널리 알려져 있는 솔로뉴 유적 역시 비네쉬의 손을 거쳐 재정비되어졌다. 여기서 그가 설계한 기하학적이지만 자유롭게 흐르는 수로는 프랑스 대평원의 풍부한 물을 활용했던 전통 프랑스 정원의 구성기법을 현대적으로 재해석하였다고 보여진다. 비네쉬의 다른 작품들에서도 단순한

♣ 솔로뉴 유적(Property in Sologne)

프랑스 전통정원 요소의 차용이 아니라 주관적 방식으로 재해
석한 사례들을 찾아볼 수 있다.

5. 결론

현대 조경작품에 나타난 프랑스 전통정원의 재해석을 살펴보
기 위해 '직설적 재현'과 '추상적 재현' 사이에 존재하는 스펙트

럼 사이에서 현대 작가들의 작품을 분석해 보았다. 때로는 프랑스의 구성요소가 직설적으로 재현되는 경우도 있고, 작가의 철학에 의해서 여러 가지 형태로 변형되어 나타나기도 한다.

1920~30년대 작가들은 추상적 형태의 기하학적 정원으로 프랑스 정원의 전통의 맥을 잇고 있다. 하지만 공간에서의 경험에 관한 점에서는 프랑스 전통정원과의 연계성을 찾기가 어렵고, 너무 평면적이면서 형태 위주의 정원 구성이라 한계점을 가지고 있다. 그 뒤를 이어 많은 현대작가들의 작품에서는 전통정원 구성요소를 차용함에 있어서 훨씬 자유로운 형태적 변이와 전통적 재료 선택이라는 상반된 점을 함께 볼 수 있다.

이에 반해 루이 비네쉬의 경우 본문에서 다루어진 어떤 작가들보다도 이러한 구성요소 상의 유사성은 대폭 줄이고, 전통정원의 구성원리를 다른 방식으로 해석하여 적용함으로서 전통조경과의 연계성을 가진다. 결과적으로 물리적 공간에서는 현대적인 측면이 시각적으로 부각되지만, 자연에서의 경험을 다루는 태도, 공간에서의 행태, 전통정원에서와 마찬가지로 적용된 수학적 논리 등으로 사용자의 감정은 전통정원의 정통성을 강하게 느끼게 된다. 전통정원의 재해석이라는 측면에서 본다면, 루이 비네쉬가 가장 재해석에 가까운 방식으로 접근하고 있다고 볼 수 있다.

3. 실용, 활용화 연구

신한옥 활성화

1. 한옥의 보급 활성화를 위한 현황과 과제

본 논의의 중점이 되는 것은, 새롭게 지어지는 한옥 혹은 우리 주변에 일상적으로 사용되고 있는 한옥을 어떻게 유지, 육성, 관리해 나갈 것인지. 그리고 그를 위하여 어떠한 기반 구축이 필요한지를 다루게 될 것이다. 이는 오늘날 새롭게 지어지는 한옥이라는 점에서 현대 한옥이라고 할 수 있고, 새로운 기술과 재료가 접목되었다는 점을 강조하여 신한옥이라고 부르기도 한다.

신한옥 보급 활성화를 위한 당면 과제

신한옥의 보급을 위하여 우선적으로 해결해야할 과제는, 여하한 방법을 통하여 경제적이면서 현대인의 생활에 맞고, 동시에 전통적인 품격을 유지하는가에 있다는 점에 동의할 수 있을 것이다. 앞서의 논의를 바탕으로 이러한 목표를 달성하기 위하여

해결해야 할 과제를 정리하여 보면 다음과 같다.[*]

우선, 한옥의 건설 원가 절감을 위해서는, 재료의 측면과 가공에 따른 인건비의 절감을 기대할 수 있을 것이다. 즉,

① 부재의 규격 표준화와 부재 가공의 기계화
② 조립 공법의 간이화 등 접합 기술 개발과 표준화
③ 목재의 가공방식 개발과 신재료의 개발

구조재이면서 동시에 의장재이기도 한옥을 구성하는 목부재의 규격 표준화는 공간모듈 및 구조모듈, 의장모듈의 설정과 함께 진행되어야할 과제이며, 현대 건축에서 적용되고 있듯이 구조 따로, 계획 따로 진행될 수 없다.

한옥의 건설에 있어서 숙련된 목수의 인력이 특별히 많이 소요되는 부분은 각 부재들 사이의 접합 부분인데, 못 등의 철물을 사용하지 않고 목부재를 직접 결구하는 전통적인 방법을 어느 수준까지 유지할 것인가가 관심의 초점이 된다. 숙련된 목수의 사용은 인건비의 증가로 이어질 뿐 아니라 현장의 작업 기간을 길게 함으로써 전체 건설비에도 크게 영향을 미친다. 이와 관련하여서, 프리컷(precut) 공법의 단계적 도입을 고려하여야 하며, 특히 기둥과 보와 같은 주요 구조재에 있어서는 철물 보강을 통

---

[*] 여기서는, 앞서 구분한 한옥의 여러 범주 가운데 특히 현대한옥 부분에 초점을 맞추고 있다. 그러나 문화재 한옥과 정통 한옥, 그리고 한옥풍건축과 한류건축이 제각기 '좁은 범위의 신한옥' 즉, 현대 한옥의 보급 활성화에 각각 '가치와 기법의 원천'으로서, 그리고 '활용의 다변화와 확산'으로서 의미를 갖는다는 점을 잊어서는 안될 것이다.

해 조립 기법을 단순화할 필요도 있다.

현재 우리나라의 목조건축 건설현장에서 국내산 소나무를 사용하는 것은 사실상 문화재 수리현장에 제한되고, 일부의 문화재 수리현장을 포함하여 대부분의 정통 한옥 건설현장에서도 수입목의 사용이 허용되고 있다. 다만, 아직까지는 원목 사용의 원칙을 지키고 있고 또 많은 소비자들이 원목만이 자연재료라고 하는 인식을 가지고 있는 것도 사실이다. 문제는, 수입목을 쓰더라도 원목을 사용할 것인가 아니면 집성목을 사용할 것인가의 선택의 문제이고 이에 대해선, 재료 단가의 문제를 포함하여, 일반인의 인식에 대한 고려가 함께 필요하다.

한편, 현대인의 생활문화에 맞으면서도 고품격을 유지하기 위해서는, 무엇보다도 설계 기술의 개발이 요구된다. 구체적으로는
 ① 다양한 선례들을 포괄하는 부재, 기법, 법식 아카이브의 구축
 ② 공간모듈의 설정과 응용사례 적용 등 설계기술 개발
 ③ 내·외부 마감재와 설비기구 등 신 부품의 개발

새로운 디자인을 개발하는 일은, 재료와 구조에 대한 원론적인 접근을 통한 창의성에서 비롯하는 일이지만, 앞선 사례들에서 발견되는 풍부한 경험들을 참조로 하는 일이 아울러 필요하다. 한옥은 천년 이상의 경험이 집적되어 온 것으로서 현재 남아있는 한옥들 가운데 특히 문화재로 지정되어있는 660여 동을 비롯하여 근대이후 최근까지 지어진 다양한 한옥 건설의 사례들을 수집하고 체계적으로 분류하여 아카이브를 구축할 필요가

있다.

한옥의 공간감을 유지하면서 현대적 생활에 어울리게 바꾸어 나가는 일은 쉬운 일이 아니다. 한옥의 경우 사방 8자(尺) 정도의 기본 모듈을 갖는데, 이는 현재 주택 내에서 일반적으로 사용되는 침대와 책상, 옷장 등의 가구나 부엌과 욕실에 사용되는 설비를 수용하기에는 어려움이 있다. 이러한 문제를 해결하기 위해선 공간구획을 재정리하는 노력과 함께 한옥이 가지고 있는 단면상의 여유공간을 적극적으로 활용하는 설계기법의 개발이 요구된다.

주택은 구조체로 완성되는 것이 아니고, 조명과 냉난방 및 위생을 위한 기구, 개구부에 사용되는 창호 등 수많은 마감재가 소요된다. 아직 한옥에 어울리는 부품들이 개발되지 않아서 새로운 한옥을 짓는 이들에게 많은 어려움을 주고 있다. 전통적인 좌식 생활에서 부분적인 의자식 생활을 겸하는 현대의 한옥으로 순조롭게 넘어가는 과정에는 여러 가지의 새로운 고안이 필요하다.

그러나 이들의 개별 작업들이 주택건설 시장에 순조롭게 정착하기 위해서는, 여러 가지 제도적 장치들의 보완과 정책적인 지원이 필요하다. 구체적으로는,

① 건축 관계 법령과 성능기준 등의 보완 정비

② 전문 인력 양성 시스템의 구축

③ 인력, 정보, 부품과 소재의 유통시스템 구축

한옥은 지난 40여 년간 일반 시민으로부터 멀어진 채 단절의

기간을 겪어왔다. 때문에 이제 새롭게 한옥의 진흥을 꾀하려고 하지만, 한옥을 건설한 사람도 그것을 지원해줄 제도적 장치도 미비한 실정이다. 최근 국토부에서 야심차게 준비하고 있는 건축법과 시행령, 건축구조기준 등의 개정 작업은 한옥이 새롭게 지어질 수 있는 최소한의 법적 토대를 만들기 위한 노력이다.

또한, 일제에 의하여 근대적인 건축교육이 시작된 이래로, 우리나라의 건축교육은 철저히 서양건축 위주로 진행되었으며, 한국건축에 대한 교육은 역사적 감상의 대상으로 치부되어왔다. 앞서도 이야기하였지만, 21세기의 한옥은 목조건축으로 새로운 성장의 동력을 가지게 되며 아울러 한국의 도시건축 경관을 국적있게 만드는데 크게 기여할 것이다. 이를 위해선 전문가의 양성이 무엇보다도 시급하며, 이에 대한 학계와 산업계, 그리고 정부의 협력이 필요하다.

집은 만드는 일에서 끝나지 않고 안고 살아가야할 무엇이다. 실제 한옥, 그리고 단독주택에 거주하고 있는 사람들이 가장 불편을 느끼고 있는 부분은 집의 유지관리에 있다. 서울에도 동네마다 존재하였던 철공소나 목공소가 모두 사라져 이제 한옥에 사는 사람은 기와 한 장을 바꾸려고 하여도 어디에 연락을 해야 할지 모르는 상태가 되었다. 한옥의 유지관리에 필요한 다양한 자재와 전문기능공의 소재지를 네트워크화하여 이들의 시장을 활성화시켜주는 노력이 필요하며, 이를 위해서도 단지규모의 한옥집단 건설이 중심지 역할을 할 수 있을 것이다.

마지막으로, 신한옥의 보급활성화에 동의하는 우리들에게 단

기적으로 시급한 일은 누가 무엇을 어떻게 할 것인가에 대한 의제 설정, 즉 각 전문가와 관계자, 직역들 사이의 업무분담이다. 학계, 산업계 뿐 아니라 정부 부처 역시 목재, 주택, 전통, 관광 등 주 관심사에 따라 제각기 진행되고 있는 현재의 활동들을 하나로 묶는 콘트롤 타워가 필요하다. 여러 차례 논의되었지만, (가칭)신한옥포럼, 혹은 (가칭)신한옥진흥협의회의 구성이 시급하다. 그리고 그것은 무엇에서 무엇을 빼는 정통주의, 순혈주의가 아니라 무엇에 무엇을 덧보태는 융합주의를 기반으로 삼아야 할 것이다.

자연에 대한 착취적 개발과 구분과 분업을 통한 효율 극대화가 지난 시기 근대기술문명 사회를 이끌어온 동력이었다면, 21세기 후기근대 사회의 화두는 인간과 자연의 공존, 몸과 마음, 즉 신체와 정신의 일치, 분과학의 융·복합을 통한 새로운 패러다임의 설정이라고 할 수 있을 것이다.

현상을 관찰하여 흥미로운 점은, 목조건축으로서의 가치에 주목하여서는 국토해양부(건축이므로)와 산림청(목조이므로)이 관심을 보이고 있고, 전통건축으로서의 가치와 관련해서는, 문화부(전통이므로)와 국토해양부(건축이므로), 그리고 이들 모두의 집행기관으로서 각 지자체가 관심을 보이고 있다는 점이다. 비단 관련 부처뿐 아니라, 관련 학계와 산업계도 이와 같아서, 제 각기 출발점을 달리하는 다양한 관계자들이 초점을 조금씩 달리하면서 관련 연구와 사업을 진행하고 있다. 과거 자동차 산업이나 반도체 산업의 육성을 위하여 관련 학문분과들을 통합하여, 자동차학과와 반도체학과 등을 만든 경험을 바탕으로 한다면, 한

옥학이라는 새로운 융·복합 분야에 대한 제도적 지원도 고려할
수 있을 것이다.

전봉희(서울대학교 건축학과 교수)

한국전통조경의 실용화

1. 전통조경의 지속가능한 친환경설계 효과와 실용화
- 전통조경공간은 친환경 사고로 만들어진 실용적인 공간이다 -

1) 전통조경과 친환경설계의 개념

- 지속가능성과 친환경이란 개념은 오늘날 만들어진 개념이다. 전통공간이 존재한 과거의 중요한 개념은 사용자와 건설자의 의도와 실용 그리고 종교적인 상징성이 중요한 현안이었을지 모른다. 하지만 우연인지 의도적이었는지 모르지만, 우리 눈에 과거의 조경공간은 지속가능한 친환경공간으로 보인다. 즉 친환경적인 공간입지, 친환경적인 설계기법 그리고 친환경적인 재료와 기술의 사용으로 현대인이 갈망하는 쾌적하고 건강한 공간을 만들었다고 해석된다.

- 또한 친환경설계란 환경을 보전하는 관점에서 에너지, 자원 등의 한정된 자원을 고려하고 주변 자연환경과 친밀하고 아름답게 조화를 이루게 하여 사람이 건강하고 쾌적하게 생활할 수 있는 공간이라고 정의할 수 있다. 그래서 우리는 오늘날 환경문제를 조금이라도 해결하려고 전통조경공간을 찾는다.

• 현대의 지속가능한 조경 개념에서 전통조경공간을 해석하려면, 먼저 지속가능성이란 개념의 영역을 협의로 생각할 필요가 있다. 즉 실용화 측면의 지속가능한 개념은 생태계 수용능력, 자원이용성 또는 문화적 보전에 대해 어떤 손실도 초래하지 않은 실용적인 기법 또는 체계에 대한 것으로 국한해서 해석되어야 할 것이다.

2) 전통조경과 친환경입지

• 전통조경공간의 입지원칙는 자연순응적이며 친환경적인 토지이용을 전제로 생태적인 접근을 지향하고 있음을 알 수 있다. 그리고 공간을 잘 분석해보면 그 공간의 문화가 형성된 배경뿐만 아니라 공간을 조성한 사람들의 과학적 속성까지 읽을 수 있을 것이다. 즉 과학적이며 실용적인 입지 선정은 전통조경계획의 출발이다. 우리 조상은 마을을 입지할 때, 북쪽의 거친 바람을 막고 마을로 오는 홍수를 피할 수 있고 농경지역에 관개가 가능한 곳을 택하여 마을을 입지시켰다. 이러한 환경은 곡식의 성장과 가축을 키우기 좋으며 겨울에도 따뜻한 장점을 갖는다.

• 이러한 전체 마을부지에 조경공간을 선정할 경우, 이상적인 부지는 깨끗하고 오염되지 않은 물, 공기 그리고 토양을 가진 곳이었다. 그리고 태양에너지나 다른 재생자원을 손쉽게 구할 수 있어야 하고, 또한 실용적인 측면에서 접근성이 좋은 곳이었다. 현재 남아 있는 전통문화유적인 서원과 별서

정원 그리고 누정은 대부분 수로운송이 편리한 곳에 위치하는 좋은 접근성을 가진 곳이다.

- 환경친화적 전통조경공간은 다양한 토지이용 상태가 서로 결합되는 곳에 입지하는 경우가 많다. 많은 경관이 겹쳐지거나 포개지는 곳 즉 조망이 우수한 곳에 별서정원을 지어서 조선의 선비는 정신과 육체를 수양하고 단련시켰다. 즉 낙동강을 바라볼 수 있는 도산서원, 천일각에서 바다를 바라보는 다산초당 그리고 속세를 떠난 은일의 장소인 소쇄원 외원에서 바라보는 광주호 등은 선비가 생활하고 수양하는 전통공간의 안정된 입지형태를 보여준다.

3) 전통조경과 친환경설계 기법

친환경설계란 자연과 인간의 어울림을 중시하는 친환경 자연순환구조를 살린 설계를 말한다. 이런 친환경설계는 3가지 핵심요건을 고려해서 설계해야하는데, 첫째 에너지 절감을 고려한 '로우 임펙트(low impact)', 둘째 자연과 최대한 동화되는 것을 의미하는 '하이 컨택(high contact)' 그리고 셋째 거주하는 사람이 보다 건강해지고 쾌적성을 느낄 수 있는 '헬스 어메니티(health amenity)'이다. 전통조경공간은 에너지 절감을 고려한 일조와 통풍, 자연과 최대한 접촉하기 위한 숲과 건축물의 조화와 결합, 그리고 건강과 쾌적성을 고려한 다양한 유형의 숲과 수공간의 많은 양과 결합 등을 고려한 친환경설계 공간이다.

🌱 전통조경에서 일조와 통풍 고려

전통조경공간에서 건축물 배치의 기본 원리 중 하나는 '일조와 통풍'이라고 할 수 있다. 특히, 숲의 배치와 주택들의 배치가 이러한 원리에 따르는 것을 볼 수 있다. 최대의 일조를 위해서는 주택들이 일렬 배치보다 일부 겹침 배치를 선택했고, 최대의 통풍을 위해서도 마찬가지로 일부 겹침 배치를 했다. 이를 통해 에너지 사용 부하를 절감하고 궁극적으로 환경부하를 최소화할 수 있다.

🌱 전통조경에서 숲과 식물

숲은 쾌적성을 부여하는 것 이외에 미기후조절 및 방풍 등 다양한 환경생태적 기능을 갖는 자연요소로 환경친화적 전통조경 설계에 필수적인 자연요소이다. 전통조경공간에서는 녹지에 복합적인 환경생태적 기능을 부여하고 점, 선, 면의 다양한 형태로 조성하였다. 그리고 그러한 녹지의 기능에 부합되는 구체적인 형태를 결정하고 향토수종 중에서 적합한 수종을 선택한다.

🌱 전통조경에서의 연못과 수로

수공간 조성은 연못, 작은 시냇물, 하천 등 다양한 형태로 연출되면서 조성되었다. 전통마을의 수로는 토지이용의 경계를 이루는 경관요소로서, 우수와 생활하수를 자연정화하는 장소로서, 또한 수계를 연계하는 요소로서 환경생태적 의미를 가진다. 또한 전통마을에서는 외부공간의 중심요소, 미기후 조절, 우수와 생활하수의 정화지 등의 복합적 기능을 갖는 연못을 도입했다. 그밖에도 습지와 같이 환경생태적으로 의미가 큰 요소를 도입하였다.

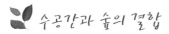 수공간과 숲의 결합

전통마을의 수공간은 숲과 어우러져 환경생태적으로 풍부한 공간을 이룬다. 연못의 주변에는 관목과 교목이 적절히 혼합, 식재되며 수로변에는 초목의 띠가 형성되었다. 이러한 수공간과 숲의 결합방식은 오늘날 오염물질의 정화, 토양침식의 방지, 야생동물의 서식지 제공을 목적으로 하천변에 설치되는 식생대인 식생여과띠(VFS: Vegetable Filtering Strip)와도 유사한 개념인 것 같다. 수공간이 독립적으로 조성되는 것보다 녹지와 어우러짐으로써 생물의 다양성을 높이고 수자원을 정화하는 등 환경생태학적 측면에서 풍부한 공간을 조성했다.

4) 전통조경과 친환경재료와 기술

- 지속가능한 경관론(Gray World Green Heart)의 저자 Thayer는 기술을 기술애호(technophilia)와 기술공포(technophobia) 두 가지로 구분하여 정의했다. 그는 기술애호 관점에서 친환경 기술을 설명했는데, 자연의 이치를 따르는 기술 즉 순환원

리에 의해 인체건강과 환경오염을 끼치지 않는 기술과 신재생에너지 기술이 이에 해당한다고 말했다. 기술공포는 환경문제 모두를 일으킬 수 있는 기술로서 석탄석유 에너지와 이를 통해 이루어질 수 있는 모든 문명기술을 말한다.

• 전통조경공간은 흙, 목재 그리고 석재로 이루어진 공간과 식물과 물로 구성되어 있다. 예를 들어, 연못은 수공간 가장자리에 토양이 유실되지 않도록 석축으로 둘러쌓다. 그리고 수공간 가장자리에 연을 식재하여 물 자연정화 기능과 감상기능을 더하였으며, 누와 정의 공간은 목재와 흙을 구운 기와지붕 혹은 짚으로 이은 초가지붕으로 구성하여 사방의 경관을 바라볼 수 있게 조성했다. 또한 경사지를 이용한 건축물 후원인 화계정원은 석재로 몇 단의 계단을 만들어서 조영자의 기호에 맞는 수목과 화훼를 식재했다. 이와같이 전통조경공간의 모든 기술은 오늘날의 기술애호의 관점에서 설명될 수 있다.

5) 전통조경계승과 현대조경의 적용

• 현대조경에서는 환경문제의 해결을 최대의 현안으로 바라볼 때 조경의 신정체성을 살릴 수 있다고 본다. 즉 지속가능한 조경으로 환경문제를 점진적으로 해결할 수 있을 것으로 판단한다. 미국조경가협회(ASLA)에 따르면, "지속가능한 경관은 환경, 재생에 반응하고 그리고 건강한 지역공동체의 개발에 능동적으로 기여할 수 있다. 그리고 지속가능한 경

관은 중대한 경제적, 사회적 그리고 환경적 편익을 통하여 탄소를 격리시키고, 공기와 물을 깨끗하게 하고, 에너지 효율성을 증가시키며, 서식지를 복원하고 그리고 가치를 창조한다." 라고 했다.

- "전통의 계승"이란 과거의 상태 그대로 유지하는 것이 아니라, 이전의 세대들로부터 물려받은 산물의 '구조'를 잃지 않으면서 시간이 중첩되어 쌓이는 과정을 의미한다. 전통의 유형해석은 이미 존재했던 원형들로부터 출발하지만, 중요한 것은 유형 그 자체가 아니라 유형학적 구조로서 어떻게 원형을 변용시키는가이며, 변용이 가지고 있는 창조적인 개념과 그 실현의 과정일 것이다.

- 현대조경을 논할 때 마땅히 현안 중심으로 공간을 만들어야 할 것이다. 하지만 인간의 입장에서 건강하고 쾌적한 공간을 만들어야 한다는 사명은 불변의 지향점일 것이다. 다만 우리는 그 해결방법을 어디에서 어떻게 찾을까 고민하는 것 뿐일 것이다. 전통조경에서 우리가 찾을 수 있는 가치는 생태환경의 실용화 방법일 수 있다. 오늘날 친환경설계란 결국 태양, 바람, 그리고 물의 성격을 자연의 질서대로 필요한 만큼 양과 유형과 그들의 결합 그리고 연결 방법을 모색하는 것일 수 있다고 생각된다.

장병관(대구대학교 조경학과 교수)

II
정원 현장

1. 중국, 중화문화권

중국 만리장성, 베이징 공원, 싱가포르, 타이완 특히 임가원림, 고궁박물관 후정, 텐진대학, 허베이대학, 일묘원(壹畝園)

♣ 만리장성(사마대장정)

♣ 20180422 베이징 도연정 공원

♣ 20180511싱가폴

♣ 20180511 싱가폴

♣ 20180512 인도네시아

♣ 20180511 싱가폴

♣ 20180512

♣ 20180513 싱가폴

♣ 20180513 싱가폴

♣ 20180513 싱가폴

♣ 20181008 타이완

♣ 20181006 타이완

♣ 20181008 타이완 林家 원림

♣ 20181009 임가원림

♣ 20181009 장개석 총통 기념관 후정

♣ 20190409 중국 텐진대학

♣ 20190410 중국 허베이 대학

♣ 20190410 통주 일묘원

♣ 20190410 일묘원 곡수유상

2. 일본

쿄토 헤이안 신궁, 오가와 지혜이.시게모리 미레이 작품, 성남 이궁, 시방사, 쿄토 와싱톤 미야코 호텔, 하우스보덴 정원박람회, 도쿄 및 근교, 나고야, 나오시마, 동북지방, 북부지방

♣ 20170913 일본 헤이안 신궁 안내판

♣ 20170913 헤이안 신궁

♣ 20170913 헤이안 신궁

♣ 20170913 쿄토 와싱톤 미야코 호텔

♣ 20170913

♣ 20170914 쿄토 도호쿠지

♣ 20170914 쿄토 도호쿠지

♣ 20170914 쿄토 松尾大寺

♣ 20170914 쿄토 松尾大寺

♣ 20170914

曲水の宴遣水
きょくすいのうたげ やりみず

♣ 20170914 쿄토 성남이궁

♣ 20170914 쿄토 城南官

♣ 20170915 쿄토 西芳寺

♣ 20170915 쿄토부 공관정원 ♣ 20170915

♣ 20170915 쿄토 헤이안 호텔

♣ 20171025

♣ 20171025 일본 하우스덴보스

♣ 20171025

20171025

♣ 20180402 도쿄 우에노 국립박물관 법륜사 보물관

♣ 20180403 pola미술관

♣ 20180405 국립 서양 미술관

♣ 2019031

♣ 20190317 일본 나고야성

♣ 20190317 나고야성 해자　♣ 20190318

♣ 20190320 오코하마 CIAL 빌딩 옥상정원

♣ 20190320

♣ 20190320

♣ 20190320 요코하마 CIAL 빌딩, 옥상정원, 마스노슌모작

♣ 20190320 도쿄 구)영친왕 관저

♣ 20190420 일본 유시엔

♣ 20190420

♣ 20190420

♣ 20190420 일본 유시엔

♣ 20190420

♣ 20190421

♣ 20190421 이누지마 家 프로젝트

♣ 20190422 나오시마

♣ 20190422 나오시마 이우환 미술관

♣ 20190422 나오시마

♣ 20190423

♣ 20190625 쯔루오카 문화회관

♣ 20190625 쯔루오카 식당 '알케치노'

♣ 20190625 쯔루오카 문화회관

♣ 20190626 시카타

♣ 20190626

♣ 20190627

♣ 20190627 야마가타, 사꾸란보 따기

♣ 20190627

♣ 20191023
하고다테의 고료가쿠를
전망대에서

♣ 20191022 히로사키성 조형물

♣ 20191023
고료가쿠 모형

♣ 20191023
에도건물 모형

♣ 20191024 도야 윈저 호텔 창 밖 가레산스이 정원

♣ 20191023

♣ 20191023 윈저호텔 앞

3. 스웨덴

스톡홀름 일대

♣ 20180522 스톡홀름

♣ 20180525 스토홀름 밀레공원

♣ 20180523 함마로비 세스타드

♣ 20180525 밀레공원

♣ 20180524 셉스홀맨 지구

♣ 20180526

♣ 20180526 드로트닝홀름 궁정

♣ 20180526 스톡홀름 시청사

♣ 20180527 유르고덴

4. 한국

서울, 수원, 강진, 담양, 서울근교 신도시, 강원도, 평택미군기지, 강원 영월.강릉, 경북 청송

♣ 20140810 서서울 호수공원

♣ 20150502 불광동 롯데캐슬

♣ 20150917 수원 월화원

♣ 20150503

♣ 20150803 ♣ 20150823 중구 성공회 정원

♣ 20150504

20150913

20150917 수원 월화원

♣ 20150917

♣ 20150917

20151102 조계사

♣ 20160628 세종문화회관 후정

♣ 20151226

♣ 20160804

♣ 20161001 조계사

♣ 20160914 성북동 최순우 가

♣ 20170305 예술의 전당

♣ 20170414 강진 백운동 원림

♣ 20170425 담양 죽화경

♣ 20170430 일산 호수공원

♣ 20170504 담양 도립대학

♣ 20170504 강진

♣ 20170520 성북동 돌박물관

♣ 20170520

♣ 20170521 서울시 고가에 설치된 퍼포먼스

♣ 20170523

♣ 20170613 청라 국제 신도시

♣ 20170604 남산 한옥촌

♣ 20170627 파주 운정마을

♣ 20170815 가회동 백인제 가옥

♣ 20170815

213

♣ 20170907 서울 정동 ♣ 20170913 쿄토 와싱톤 미야코 호텔

♣ 20170907 한내 근린공원 도서관

♣ 20171111 평창 안반데기

♣ 20180414 울산 대왕암

♣ 20180707

♣ 20180818 동탄 작가정원

♣ 20181019 백양사

♣ 20181029 평택 미군기지

♣ 20181114 단양 무월마을

♣ 20181227 제주 본태미술관

♣ 20181227

♣ 20181227 제주 글라스 하우스

♣ 20181227 서귀포 포도호텔

♣ 20190905 담양 명옥헌

♣ 20190906 강진

♣ 20191112 영월 Y park

♣ 20191112 영월 Y park

♣ 20191112 영월 Y park

♣ 20191112

♣ 20191113 원주 오크밸리

♣ 20191114 원주 뮤지엄 SAN

♣ 20191114 원주 뮤지엄 SAN

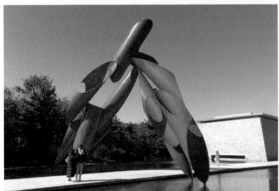

♣ 20191114 원주 뮤지엄 SAN, 히데히도 야노 작

♣ 20191114 원주 뮤지엄 SAN

♣ 20191202 청송 심부자댁

♣ 201912

♣ 20191202

♣ 20191204 강릉 하슬라

♣ 20191204 강릉 하슬라

♣ 20191204

♣ 20191204

♣ 20191204

Ⅲ
한중일 대표적
재해석 사례

1. 석가산

한, 중국·중화문화권의 돌로 쌓은 가산

♣ 20141103 일산 자이APT 석가산

♣ 20141108 석가산 전시품

♣ 20150502

♣ 20150502 불광동 롯데캐슬

♣ 20150503

♣ 20150504

♣ 20150504

♣ 20150528

♣ 20150528

♣ 20150823

♣ 20150914

246 한중일 정원에서 찾은 트렌드 Ⅱ

♣ 20170613

♣ 20171224 중국 심천 민속마을

♣ 20180512 인도네시아

♣ 20181009 타이완 임가원림

♣ 20181009 타이완 임가원림

♣ 20190403 녹번 래미안APT 가로 정원   ♣ 20190410 중국 통주 일묘원

♣ 20190411 베이징 국제공항 내

2. 광경

틀안에 밖에 있는 경치를 담는 수법

♣ 20150917 수원 월화원

♣ 20170914 쿄토 성남이궁

♣ 20170914 ♣ 20160317

♣ 20171026 일본 하우스덴보스

♣ 20180525 스톡홀름 밀레공원

♣ 20180403 일본 pola미술관

♣ 20180512 인도네시아

♣ 20181009 타이완

♣ 20181009 타이완 임가원림

♣ 20190410 중국 통주 일묘원

♣ 20190420 일본 아다치 미술관

♣ 20191024 홋카이도 윈저 호텔, 창밖 가레산스이

♣ 20190628 일본 아오모리현립미술관

♣ 20191112 영월 Y park

♣ 20191112

♣ 20191114 원주 뮤지엄 SAN

♣ 20191127 서울대 병원 대한외래 B3

♣ 20191219 서울대 병원 대한외래 B3

3. 야경

♣ 20171025 일본 하우스덴보스

♣ 20171221 홍콩

♣ 20180421 중국 고북수진

♣ 20180421

♣ 20171222 홍콩

♣ 20180421

♣ 20181008 타이완

4. 차경

외부의 경치를 내 안의 공간으로 끌어들이는 수법

♣ 중국 수조우 졸정원 호구탑 차경

♣ 강진 백운동 월출산 차경

♣ 일본 쿄토 엔츠지 히에이산 차경

색인

한중일 정원에서 찾은 트렌드 II

2020년 3월 30일 초판 1쇄 인쇄
2020년 3월 30일 초판 1쇄 발행

지은이 박경자

펴낸이 권혁재

편 집 이정아
인 쇄 성광인쇄

펴낸곳 학연문화사
등 록 1988년 2월 26일 제2-501호
주 소 서울시 금천구 가산동 371-28 우림라이온스밸리 B동 712호
전 화 02-2026-0541~4
팩 스 02-2026-0547
E-mail hak7891@chol.com

ISBN 978-89-5508-408-5 (93520)